"十四五"职业教育国家规划教材

建筑工程监理与实务

（第2版）

主　编　成　华
副主编　李　飞
参　编　彭春辉　范亦飞　王惠晨
　　　　徐红梅　仇肖华

北京理工大学出版社
BEIJING INSTITUTE OF TECHNOLOGY PRESS

内 容 简 介

本书主要内容包括：项目一监理员的常规文案工作、项目二基础工程中的监理员工作、项目三主体工程中的监理员工作、项目四装饰工程中的监理员工作、项目五安全管理中监理员的工作、项目六其他监理员工作。全书从监理员的角度，切合工程实践，有的放矢地选择工作中碰到的、用到的，讲求实用性、现实性。

本书可作为院校工程造价专业、建筑施工等建筑类专业的教材，也可作为土建工程施工技术人员、监理人员学习用书。

版权专有　侵权必究

图书在版编目（ＣＩＰ）数据

建筑工程监理与实务 / 成华主编 . -- 2 版 . -- 北京：北京理工大学出版社，2019.10（2024.1 重印）

ISBN 978－7－5682－7787－7

Ⅰ．①建… Ⅱ．①成… Ⅲ．①建筑工程–施工监理–高等学校–教材 Ⅳ．① TU712

中国版本图书馆 CIP 数据核字（2019）第 240836 号

责任编辑：张荣君		**文案编辑**：张荣君	
责任校对：周瑞红		**责任印制**：边心超	

出版发行 /	北京理工大学出版社有限责任公司
社　　址 /	北京市丰台区四合庄路 6 号
邮　　编 /	100070
电　　话 /	（010）68914026（教材售后服务热线）
	（010）68944437（课件资源服务热线）
网　　址 /	http://www.bitpress.com.cn
版 印 次 /	2024 年 1 月第 2 版第 4 次印刷
印　　刷 /	定州市新华印刷有限公司
开　　本 /	787 mm × 1092 mm　1/16
印　　张 /	15
字　　数 /	328 千字
定　　价 /	40.00 元

图书出现印装质量问题，请拨打售后服务热线，负责调换

前言

FOREWORD

随着我国进入新的发展阶段，产业升级和经济结构调整不断加快，各行各业对技术技能人才的需求越来越紧迫，近日国务院印发的《国家职业教育改革实施方案》提出"提高中等职业教育发展水平"。这一要求是未来一个时期职业教育发展的重要政策方针。培养高素质劳动者，培育和传承好工匠精神，引导全社会树立尊重劳动、尊重知识、尊重技术、尊重创新的观念，形成"崇尚一技之长、不唯学历凭能力"的社会氛围，培养一大批适应经济社会发展需求的高素质技术技能人才，建设一支知识型、技能型、创新型劳动者大军，弘扬大国工匠精神，营造劳动光荣的社会风尚和精益求精的敬业风气，推动形成"人人皆可成才，人人尽展其才"的良好社会环境正成为历史的选择。本教材是在中国特色社会主义进入了新时代，全国人民为实现中华民族伟大复兴的中国梦而努力奋斗的伟大历史时期编撰而成。

我国工程建设监理制度于1988年开始实行，2001年5月1日起正式施行国家标准《建设工程监理规范》GB50319-2000，住建部于2013年5月13日，终于发布了《关于发布国家标准〈建设工程监理规范〉的公告》（住建部公告第35号）。新版《建设工程监理规范》，编号为GB/T50319-2013（以下简称，新《规范》）自2014年3月1日起实施。该规范是工程监理经验的总结、理论的升华、上岗的准则、管理的尺度，对促进工程监理事业向科学化、规范化、法制化发展，适应我国加入世贸组织的新形势，加快与国际惯例接轨，具有重要的指导作用。

目前，我国工程建设监理制度正朝着规范化、科学化的目标稳步推进。为了适应教学与生产实践相结合的要求，强化实践能力，培养应用型人才，我们结合国家颁布的有关工程建设监理规范和施工质量验收标准、相关施工规范、江苏省建设工程监理现场用表（第五版）等编写了本教材。

前言

据统计，现今从事监理行业的绝大部分同志都是从监理员的工作开始做起的，所以在监理员的这一人生阶段打好基础显得特别重要。本书分为六个项目，共三十四个任务，摒弃了过去章节式的模式，采用了"项目"的模式；舍去了一些在《建筑构造》、《施工技术》等其它专业课程中已出现过的知识，强调了实用性和"够用就行"的原则，避免了面面俱到、重点不突出的现象；打破了概论和表格填写分开的传统；采用了"理论—表格—实践"一体化，让理论的学习更好地为实践服务，而实践的成果往往是一些表格。本书以监理员的需求出发，列举了监理工作中常接触到的六大项目，以任务的形式表现出来，使学员一目了然；另外结合监理员的工作特点，书中列举了一些工程中常用到的表格，包括实例和空表（附于书后），让学员学会表格的填写。教材编写过程中，编者征求了监理公司有关人员的意见，编写一本既适合在读中高职院校学生学习，又能对从事监理工作的人员有帮助的简明、实用、能区别于监理理论的实务教材。

本书对重要施工环节增加了二维码视频，只要通过手机扫一扫即能打开视频，方便对环节的把握和增加教学的趣味性；项目一的九个任务结束时增加了情景案例介绍和活页式的工作页，学员可以根据案例填写工作页，也可根据实际工程填写，达到文案工作的基本技能要求，项目完成时，学员可以将前面的八个工作页取下装订成册，方便查阅。

本书可用于工程造价专业、建筑施工等建筑类专业的教材；也可作为高职高专学习的辅助教材；另外也可以作为从事监理工作相关人员的参考学习资料。

限于编者的水平和经验，本书中内容难免有疏漏之处，恳请广大专家、学者予以批评指正。

编　者

目录
CONTENTS

项目一 监理员的常规文案工作

任务一 工地例会的记录 …………………………………………………………… 2
任务二 监理日志的填写 …………………………………………………………… 12
任务三 监理月报编写中监理员的工作及相关内容 …………………………… 16
任务四 材料进场检查记录 ………………………………………………………… 30
任务五 工程签证计量中监理员的工作及相关内容 …………………………… 36
任务六 日常巡视检查中监理员的工作及相关内容 …………………………… 40
任务七 旁站中监理员的工作及相关内容 ……………………………………… 43
任务八 住宅分户验收中监理员的工作及相关内容 …………………………… 49
任务九 监理资料收集整理归档中监理员的工作及相关内容 ………………… 55

项目二 基础工程中的监理员工作

任务一 桩基础工程监理员的工作及相关内容 ………………………………… 60
任务二 土方工程监理员的工作及相关内容 …………………………………… 72
任务三 基坑工程监理员的工作及相关内容 …………………………………… 76
任务四 地下防水工程监理员的工作及相关内容 ……………………………… 85

项目三 主体工程中的监理员工作

任务一 模板工程监理员的工作及相关内容 …………………………………… 91
任务二 钢筋工程监理员的工作及相关内容 …………………………………… 95
任务三 混凝土工程监理员的工作及相关内容 ………………………………… 101
任务四 砌体结构工程监理员的工作及相关内容 ……………………………… 107
任务五 钢结构工程监理员的工作及相关内容 ………………………………… 114
任务六 屋面工程监理员的工作及相关内容 …………………………………… 125

目 录

项目四　装饰工程中的监理员工作

任务一　抹灰工程监理员的工作及相关内容 ……………………………………… 131
任务二　门窗工程监理员的工作及相关内容 ……………………………………… 136
任务三　吊顶工程监理员的工作及相关内容 ……………………………………… 143
任务四　饰面(板)砖工程监理员的工作及相关内容 …………………………… 148
任务五　幕墙工程监理员的工作及相关内容 ……………………………………… 152
任务六　涂饰工程监理员的工作及相关内容 ……………………………………… 164
任务七　建筑地面工程监理员的工作及相关内容 ………………………………… 167

项目五　安全管理中监理的工作

任务一　大型机械安装、使用、拆除中监理的工作及相关内容 ………………… 175
任务二　脚手架安装、使用、拆除中监理员的工作及相关内容 ………………… 179
任务三　临时用电日常检查监理工作 ……………………………………………… 185
任务四　"三宝、四口、五临边"的防护 ………………………………………… 191
任务五　现场消防检查中监理员的工作 …………………………………………… 195

项目六　其他工程中的监理员工作

任务一　室内给排水工程监理员的工作及相关内容 ……………………………… 201
任务二　室外给排水工程监理员的工作及相关内容 ……………………………… 208
任务三　建筑电气工程监理员的工作及相关内容 ………………………………… 212

附　表

参考文献

项目一

监理员的常规文案工作

学习目标

熟悉监理员常规工作的方式及内容；工地例会会议内容的正确记录；监理日志的正确填写、监理月报的编写、材料进场检查记录，工程材料、构配件、设备进场/使用报审表的填写、见证取样登记表归档；工程签证计量中监理员的工作及相关内容；日常巡视检查中监理员的工作及相关内容；旁站中监理员的工作及相关内容；住宅分户验收中监理员的工作及相关内容；监理资料收集整理归档中监理员的工作及相关内容等。监理员的文案工作是十分仔细的工作，除了有良好文字功底和语言表达能力外，还需要有精益求精、爱岗敬业的精神，需要有全局思维，培养问题解决的能力。

知识准备

建设工程文件是在工程建设过程中形成的各种形式的信息记录，包括工程准备阶段文件、监理文件、施工文件、竣工图和竣工验收文件。建设工程档案是在工程建设活动中直接形成的具有归档保存价值的文字、图表、声像等各种形式的历史记录。

(1) 旁站：是在关键工序或关键部位施工过程中，由监理人员在现场进行的监督工作。

(2) 巡视：是由监理人员对正在施工的工序或部位，在施工现场进行定期或不定期的监察活动。

(3) 见证：是由监理人员现场监督施工单位或工序过程完成情况的活动，例如原材料取样、复试、样品封存等。

(4) 平行检验：监理人员利用一定的检查或检测手段，在施工单位自检的基础上，按照一定比例独立进行检查或检测的活动。

(5) 书面指令：对施工过程中发现的质量问题及时口头指出，并要求施工单位整改后用监理工程师通知单、监理工作联系单等书面形式追究。

对施工中监理人员对检查中发现的有关问题、向施工单位发出的书面要求。

项目一 监理员的常规文案工作

任务一　工地例会的记录

🔍 任务目标

1. 了解工地例会的相关规定及内容，体会其重要性。
2. 掌握工地例会召开的时间、内容、参加人员。
3. 了解工地例会以外的其他会议形式。
4. 学会填写有关表格。

工地例会的介绍

🔍 规范依据

1.《建设工程监理规范》(GB/T 50319—2013)。
2. 江苏省建设工程监理现场用表(第六版)。

🔧 任务实施

一、任务准备

某监理例会现场如图 1-1 所示。

图 1-1　某监理例会现场

工地例会是指由项目监理机构主持的，在工程实施过程中针对工程质量、造价、进度、合同管理等事宜定期召开的,由有关单位参加的会议。其可分为第一次工地会议监理例会、第×次工地例会、专题会议、项目监理机构内部会议等。项目实施期间应定期举行工地例会,会议由监理工程师主持,参加者有监理方有关人员、承包方有关人员、业主方有关人员。工地例会召开的时间根据工程进展情况安排,一般有旬例会、半月例会和月度例会等。工程监理中的许多信息和决定是在工地会议上产生和决定的,协调工作大部分也是在此进行的,因此,开好工地例会是工程监理的一项重要工作。

工地例会会议记要同其他发出的各种指令性文件一样,具有等效作用。因此,工地例会的会议纪要是一个很重要的文件,会议纪要是监理工作指令性文件的一种,要求记录真实、准确。对一些比较复杂的技术问题或难度较大的问题,不宜在工地例会上详细研究讨论,可以由监理工程师做出决定,另行安排专题会议研究。

监理例会以及由项目监理机构主持召开的专题会议的会议纪要,应由项目监理机构负责整理,与会各方代表应会签。

二、表格组成

(1)查收确认(图1-2)。

各与会单位:

现将_____会议纪要印发给你们,请查收。如对会议纪要内容有异议,请在48 h内向本监理机构提出书面意见。

附:会议纪要正文共____页。

项目监理机构(章):_____
总监理工程师/总监理工程师代表:_____
_____年_____月_____日

图1-2 会议纪要组成(一)

(2)会议地点、时间、人员、议题等(图1-3)。

会议地点		会议时间	
组织单位		主持人	
会议议题			
各与会单位及人员签到栏	与会单位	与会人员	

图1-3 会议纪要组成(二)

三、工程范例

1. 工程范例(一)

金鑫花园小区工程第一次工地会议纪要见表1-1。

表1-1　金鑫花园小区工程第一次工地会议纪要表(案例)
(工程例会纪要)

召开单位	启创工程监理有限公司	编　号	20210305
工程名称	金鑫花园小区工程	时　间	2021年3月5日
会议主题	第一次工地会议	地　点	业主会议室
主持人	建设单位(金鑫房地产开发有限公司)	记录人	李冬
参加单位	金鑫房地产开发有限公司、启创工程监理有限公司、古建建筑有限公司		

会议内容：
金鑫房地产开发有限公司(甲方)：
　　1. 本工程为金鑫花园小区：建设单位为金鑫房地产开发有限公司，监理单位为启创建设工程监理有限公司，施工单位为古建建筑有限公司。
　　2. 我方已与启创监理有限公司签订合同，全权委托进行监理，根据合同委托陈刚为总监理工程师，监理提出的要求、问题代表甲方，施工单位要配合好监理工作。
　　3. 施工组织设计及时报审，并上报进度计划。
　　4. 每月提前报审月进度计划，周报中要体现质量和安全问题。
　　5. 每周开例会现场主要负责人均要到会参加。
古建建筑有限公司(土建)：
　　1. 下周配合业主办理好施工许可证。
　　2. 现场四周围墙围护施工。
启创工程监理有限公司(监理)：
　　1. 今天召开第一次工地会议。之前甲方召开了设计技术交底和工程相关协调会。
　　2. 例会制度经协商定于每周五上午8：30，若有变化提前通知。
　　3. 检查施工许可证等相关备案手续情况。
　　4. 施工的前期资料要及时报监理(质量、安全)。
　　5. 进度计划、施工组织设计施工方需报我监理部审阅。
　　6. 具体讲解：
　　(1)监理规划中监理组织机构、人员配备及进退场计划、监理工作内容、制度、程序等。
　　(2)开工报告报审、施工组织设计(方案)编报规定。
　　(3)施工图纸会审规定和设计代表到现场解决设计问题的规定。
　　(4)工程技术文件资料管理及收发文规定。
　　(5)周报、月报表编制规定。
　　(6)工地例会及重大事项协调制度规定。
　　(7)工程造价管理资料规定。
　　(8)工程技术和竣工资料整理要求。
　　详情见附件！
附件：
　　1. 开工报告报审规定

续表

　　(1)开工的必备条件：①施工图纸已经委托具备资质的审查机构审查，根据审查意见完成修改符合规定要求；已组织参建单位进行施工图纸会审，其会审意见经设计、业主方确认同意。②施工组织设计（或施工方案）已报审并得到监理和业主的批准。③施工承包合同已签订，已领取施工许可证和安全施工许可证。④施工标段场地管理权移交给施工单位的手续已办妥，现场"三通一平"工作已完成。⑤施工图纸已获消防部门专项审批，并出具《消防审查意见书》。⑥规划部门已进行规划验线，并出具规划验线册或放线册。

　　(2)开工手续申报办法：工程具备开工条件时，由施工单位项目部填写《工程开工/复工报审表》(A1)，并附开工报告和相关证明文件一式五份，报监理和业主方审批，经审查符合开工要求时，项目总监理工程师会同业主领导批准并下达《工程开工令》。

　　2. 施工组织设计（施工方案）的编报规定

　　(1)施工单位必须在规定时间内完成《施工组织设计（施工方案）》的编制（不少于一式五份）和内部审查批准工作，并须经公司技术负责人审批签名加盖单位印章；专项施工方案须经项目经理和项目技术负责人签名，并加盖相关印章，填写《施工组织设计（方案）报审表》(A2)报项目监理部和业主方审批。

　　(2)《施工组织设计（方案）》内容必须包括总目录、项目组织机构（领导层、管理层、作业层项目人员配置状况、施工组织架构、劳动力进场计划）、工程概况、编制依据、施工部署（包括工程总体部署、施工准备、现场安全生产、文明施工具体标准及方案、措施与分包单位的配合协调、切实可行的施工总平面图和施工总进度控制计划及各幢楼的施工目标计划，明确进度计划的关键线路）、技术措施（包括本工程重点、难点、主要节点大样的详细施工方案及技术措施）、质量保证（包括完善的质量保证体系、质量标准、检测方法、成品保护措施）、施工进度、材料计划（包括编制详细的材料设备清单、施工材料计划、明确自购和甲供材料订货、制作、加工、到场期限等）、主要材料样品、关键节点及样板的做法、工程质量通病及防治措施、安全生产文明施工措施、工程技术资料管理和工程验收制度等。

　　(3)各专业安装工程的《施工组织设计（方案）》内容必须包括总目录、项目组织架构、项目人员配置状况、劳动力进场计划、工程概况、施工部署、施工准备（技术准备、资源准备、施工现场准备、主要检测设备表）、现场文明施工管理措施、安全施工保证措施、技术措施、质量保证、施工进度计划、材料设备计划表、主要施工机械设备表等。

　　3. 施工图纸会审和设计代表到现场解决设计问题的规定

　　(1)施工单位在收到经业主确认的正式施工图纸后，通常情况下7天内应组织参建单位进行图纸会审工作。在收到正式施工图纸3天内应书面向设计、业主、监理及其他参建单位发出图纸会审通知，会审通知应明确参加图纸会审的单位、日期安排、时间、地点等事项；各参加单位在收到正式施工图纸后，应尽快组织相关专业技术人员阅读图纸并书面提出图纸会审意见，通常情况下各单位的图纸会审意见应在会审召开前两天递交业主转交设计单位做好解答准备；图纸会审纪要、记录由施工单位负责整理（按工程技术文件管理规定格式和工程特点有足够份数），参加图纸会审的单位及人员办好签名盖章手续后分发有关单位。

　　(2)施工过程中发现图纸有错、漏、碰、缺，或遇到施工图纸与现场情况有较大误差确需设计人员到现场解决时，施工单位必须提前24小时将需要设计人员到现场解决问题的内容和要求以《工作联系单》形式（不少于一式五份）书面报告监理部或业主方复核，通过监理部转告业主通知设计人员来现场解决问题。

　　4. 工程技术资料管理及收发文规定

　　(1)工程技术资料管理。各参建单位都应按照《建设工程质量管理条例》《建设工程监理规范》《建设工程文件归档规范》《建筑工程施工质量验收统一标准》及专项验收规范、工程所在地省市《房屋建设工程的市政基础设施工程竣工验收及备案管理实施办法》和《建筑工程竣工验收技术资料统一用表》等有关规定，认真履行对工程技术文件资料的管理职责，随工程进展及时做好资料的收集、整理、归档工作，工程技术资料和验收资料通常不少于一式五份。工程竣工验收通过后，按规定向有关部门和单位做好移交工作。

　　(2)建设单位与承包单位之间涉及建设工程承包合同有关的业务联系，一般从施工图纸移交、材料进场检验、工程变更、工程验收、进度控制、质量控制、工程进度款支付和工地协调事项，都应汇集到工地项目监理部，由监理部人员根据事先制定的行文和事务处理程序办理。

　　(3)工地各种信息、资料的传递通常都应以书面形式，一般不少于一式五份，并应有各单位项目部经理的签名和加盖印章的有效文本。参建各方都应信守合同约定的条款，履行签收登记手续。信息资料必须真实、可靠、完整、准确，具有可追溯性且字体要清楚，内容要言简意赅采用A4纸电脑打印件。

　　5. 周报表、月报表编报规定

　　(1)施工单位项目部应在每周五上午8：30前向项目监理部递交书面施工周报表。其主要内容包括：一周内施工质量、安全、进度情况的小结，实际完成进度与计划进度的对比图，监理例会或专题会议需落实、执行事项的处理情

续表

况，分析未完成事项和偏差的原因，提出下一周工作的安排和质量、安全及施工进度的纠偏措施，提出需设计方、业主方、监理方解决、处理的问题及其他需告知的事项。

(2) 每月25日17：00前向项目监理部、业主方递交正式的施工月报表。其主要内容类似施工周报表，但应该更详尽。

(3) 施工周报表、月报表递交份数至少为一式五份并交电子文件两份。

6. 工地例会及重大事项协调制度规定

(1) 工程项目开工前，监理人员应参加建设单位主持召开的第一次工地会议，研究确定各方参加监理例会的主要人员、召开的时间、地点及主要议题。

(2) 工程项目实施过程中，每周应定期召开监理工地例会（不少于一次）。参加监理工地例会的各方包括：业主、施工总承包、专业分包、监理、设计等单位的项目负责人或其代表；通常，监理工地例会会议纪要在会后24小时内由项目监理部负责整理并分发至与会各单位。

(3) 监理工地例会至少应包括以下内容：①检查上次例会议定事项的落实情况，分析未完成事项原因；②检查分析工程施工进度计划完成情况，分析偏差原因，提出纠偏措施及下阶段的进度目标；③检查分析工程施工质量状况，针对存在的质量问题提出改进意见；④检查分析安全生产和文明施工情况，针对存在的隐患提出改进意见；⑤提出需要协调和解决的其他有关事项，并明确具体落实的单位和完成的日期。

(4) 重大事项处理和协调可定期或不定期地组织召开专题会议、碰头会议等。业主、监理、施工和设计方都可根据工程施工进展情况和需要，提出召开专题会议的时间、地点和内容及参加单位与人员。专题会议或碰头会议由召集单位负责主持和整理会议纪要并及时分发至与会各单位。

(5) 各种工地例会、碰头会议和专题会议各参建单位项目负责人或代表必须准时参加，有特殊情况不能准时参加会议时，应事先告知会议召集人。

7. 工程造价管理资料规定

工程造价管理资料一定要随工程各阶段进展及时收集、整理归档。招标阶段的招投标文件、施工合同、施工阶段的工程变更，包括设计变更、业主指令、施工变更、现场签证、设备、材料选定和价格确定等，都应由造价管理人员负责收集、整理和归档保管，特别要区分设计变更、业主指令与施工变更和现场签证的关系。通常设计变更和业主指令涉及工程质量、造价、工期变化时，有业主领导批准同意才能实施；施工变更和现场签证必须申报预算和变更的理由及证明材料，首先报监理方审查并出具审查意见，报业主代表审核并签署审核意见后再报业主领导批准同意才能实施。所有工程造价管理资料都要审批手续完备，支持性证明资料齐全，必须是有效文件。

8. 工程技术和竣工资料的收集整理要求

(1) 施工单位现场项目部应按照投标承诺，设立工程技术、竣工资料管理部门和经培训合格的专职资料管理人员，专门负责做好全过程工程技术和竣工资料的收集与整理工作，确保工程技术和竣工资料的完整性、准确性、系统性。

(2) 工程技术和竣工资料应按检验批、分项工程、分部工程和单位工程进行整理、归档。每个单位工程技术和竣工资料按其性质主要分为以下七类：①建筑工程基本建设程序必备文件；②综合管理资料；③工程质量控制资料，包括验收资料、施工技术管理资料、产品质量证明文件、试验报告、检测报告及施工记录；④工程安全和功能检验资料及主要功能抽查记录；⑤工程质量评定资料；⑥施工日志；⑦竣工图。

(3) 工程技术和竣工资料内的工程名称应与监督登记表、施工许可证及施工图纸相一致，如有变更，应以所在地地名委员会的变更通知为依据；所有资料内的工程总体概况及单位工程建筑面积应与建设工程规划许可证内所注面积一致。工程技术和竣工资料必须是原件，不少于一式五份，如为复印件时需注明原件存放处，并加盖原件存放单位章及经手人签名。

(4) 工程技术和竣工资料收集、整理的具体要求：①单位工程沉降观测除建设单位应根据工程实际情况按规定委托有资质的检测单位检测外，施工单位也应进行自检，并经监理单位确认。②建筑材料必须按照规定的批量和频率现场取样送检，进场检验的要求应该按照国家及省市现行有关规定执行。现场取样送检和检验试验报告应分单位工程按顺序号整理归档。③钢筋、水泥、钢筋焊接件等建筑材料应及时填写产品质量证明文件汇总表，并将商品混凝土厂家提供的资料与现场取样送检的资料分开整理。④所用的玻璃应符合《关于在建筑物、构筑物中使用建筑安全玻璃的通知》的规定；玻璃中使用的密封胶、结构胶必须具有出厂证明书及试验报告。⑤外墙饰面砖完成后，必须按《建筑工程饰面砖粘结强度检验标准》（JGJ 110—2008）委托监督检测机构做粘结强度试验。⑥工程技术和竣工资料的档案盒、档案袋、卷皮、卷内备考及卷内目录的规格，执行当地档案管理部门的规定，在施工过程中应设专门存放工程技术和竣工资料的资料室。各种资料归档有序，保管妥当，并随时接受有关单位的相关部门的检查

2. 工程范例（二）

金鑫花园小区工程第二次工地例会纪要见表1-2。

表1-2　金鑫花园小区工程第二次工程例会纪要（案例）
（工程例会纪要）

召开单位	苏州启创建设工程监理有限公司	编　号	20210308
工程名称	金鑫花园小区工程	时　间	2021年3月8日
会议主题	第二次工地例会	地　点	项目部会议室
主持人	陈刚（总监理工程师）	记录人	李冬
参加单位	金鑫房地产开发有限公司、启创监理有限公司、古建建筑有限公司		

未完成事项：
1. 审图意见、设计交底会议记录要盖公章，送发监理。
2. 施工组织设计及总进度计划要盖公章送给甲方监理。
3. 施工单位的周报没有安全文明、质量的内容。
4. 塔式起重机进场资料没有及时报监理。

会议内容：
金鑫房地产开发有限公司（甲方）：
1. 现场已施工的刚性套管局部要改成柔性套管，水电材料堆放要有序并带标识。
2. 现场水电的管子要做好内外防腐，钢套管止水片太薄要整改，水电施工以后要单独开个专题会议。
3. 钢筋不合格的要及时做好复检或者退场手续，现场施工人员排好值班表上报。
4. 基坑开挖后排水沟里抽水要及时，现场已安装好的塔式起重机手续不齐全禁止使用。
5. 关于材料检测不合格的要复检的相关费用全部要由项目部自行承担。
6. 护坡边堆放材料不要过多，现场施工作息时间要调整，高压防护下吊车吊运材料安全措施要做好。

古建建筑有限公司（土建）：
本周工作：1. 2#楼桩芯混凝土浇筑，防水施工。2. 3#、6#筏板钢筋绑扎，3#楼基础浇筑。3. 7#楼基础施工放线，筏板下层钢筋绑扎。4. 8#楼桩芯混凝土浇筑，防水施工。

下周工作：1. 车库二C区垫层浇筑，防水保护层施工。2. 6#楼基础浇筑。3. 3#楼地下室排架及顶板支模。4. 7#楼基础浇筑。5. 8#楼防水保护层施工，地下室底板钢筋绑扎。

启创工程监理有限公司（监理）：
1. 材料进场报验要及时，劳务分包备案要尽快落实，施工组织设计分公司审批后尽快报审。
2. 资料报验要与现场施工同步，抓紧对项目备案人员的报审工作。
3. 混凝土浇筑试块留置尽量多一组，钢筋材料不合格要尽快退场，现场施工验收合格后再进行下道工序施工。
4. 现场临边防护验收记录，机械安全检查记录，深基坑安全资料等要尽快报验。
5. 新进场的防水材料要及时送检，相关变更必须要通过业主和设计单位确认。
6. 3#楼大体积混凝土浇筑完后要安排专人做好养护。
7. 7#楼南侧土方开挖后排水沟必须要及时做出来，基坑支护7#楼南侧翻边的要加强安全支护。
8. 现场安装的塔式起重机在未检测未办理登记使用证前不可使用。
9. 每次塔式起重机等大型机械进场前报审的安装拆卸人员证要和实际一致。每次均要报审人员证审核。
10. 周例会的安全巡视定在每周四下午，每个月的最后一周安排月巡视检查，需各单位配合。

会议决议内容：
1. 材料进场报验要及时，劳务分包备案及施工组织设计审批等要尽快落实。会上明确。
2. 资料与现场同步，备案人员报审，试块留置，不合格材料处理等要按要求落实。会上确定。
3. 现场临边防护验收记录，机械安全检查记录，深基坑安全资料要尽快完善。会上说明。
4. 大体积混凝土养护要求，塔式起重机未检测未办理登记使用证不可使用。会上明确。
5. 护坡边堆放材料不要过多，现场施工作息时间要调整，高压防护下作业要注意安全。会上明确。
6. 周例会的安全巡视定在每周四下午，每个月的最后一周安排月巡视检查。会上确定。

以上决议内容，与会参加单位均无异议

项目一　监理员的常规文案工作

🔖 3. 工程范例（三）

金鑫花园工程专题会议纪要见表1-3。

表1-3　金鑫花园小区工程专题会议纪要表（案例）
（工程专题例会）

召开单位	金鑫房地产开发有限公司	编　号	20210310
工程名称	金鑫花园小区工程	时　间	2021年3月10日
会议主题	现场安全	地　点	项目部会议室
主持人	陈刚	记录人	王小明
参加单位	金鑫房地产开发有限公司、启创工程监理有限公司、古建建筑有限公司		

会议内容：
金鑫房地产开发有限公司（甲方）：
　1. 施工现场安全帽佩戴不齐全。
　2. 总包方的安全员要对进场人员进行安全教育。
　3. 门卫做好后，门卫室要存放好备用安全帽。
　4. 南大门土方车出入小区，车速要放慢。
古建建筑有限公司（土建）：
　会后要组织有关人员进行安全教育。
启创工程监理有限公司（监理）：
　1. 总包的安全人员要对现场加强巡视。
　2. 门卫要加强进入工地人员的监管。

会议决议内容：
　1. 南大门土方车出入小区，车速要放慢。会上明确。
　2. 门卫做好后，门卫室要存放好备用安全帽。会上确定。
　3. 总包的安全人员要对现场加强巡视。会上明确。
　4. 门卫要加强进入工地人员的监管。会上确定。

🔖 4. 工程范例（四）

项目监理部内部会议纪要见表1-4。

表1-4　项目监理部内部会议纪要（范例）

项目名称：	金鑫花园小区项目监理部	编号：	20210315
会议内容：要求监理人员加强自身业务水平，勤于现场检查，尤其是施工关键环节的重点控制			
职业道德教育	要求监理人员工作认真细致，善于发觉现场施工中存在的问题，并要求施工单位定期整改。 　1. 监理人员操作应完全按照公司程序要求，勤入现场，严格对施工单位质量、安全进行控制，每天巡视现场不少于两次。 　2. 监理人员工作中坚持原则，严于律己，保持廉洁作风，做到不吃不拿。 　3. 监理人员工作应踏实认真，注意工作态度，细致处理遇到的问题，以说服为主，有重要问题及时向总监汇报。			

续表

安全教育	现场安全文明管理还不是很到位，存在一些安全隐患，监理人员巡视过程中要注意留心现场安全文明管理情况，尤其是检查中发现的隐患有无整改到位： 1. 安全资料是否欠缺，是否按江苏省基本格式编写。 2. 工人中餐时间，是否仍有人喝啤酒。 3. 加工场地材料堆放是否整齐，人、设备行走道路是否畅通。 4. 进入现场工人是否戴安全帽，高空作业工人安全带等防护措施是否到位。 5. 洞口临边防护是否到位。 6. 人员进入施工现场有无戴好安全帽，并做好安全防护。
本期工作小结下期工作安排	要求各监理人员验收时，加强对施工质量的控制，尤其应注意以下几个方面： 1. 楼板模板支撑脚手架的搭设是否符合《建筑施工扣件式钢管脚手架安全技术规范》(JGJ 130—2011)的要求，主要问题是纵横向水平杆、扫地杆、剪刀撑的构造和设置能否达到规范的相关要求。 2. 底板面标高控制和平整度控制是否符合图纸规范要求，不允许超差。 3. 模板接缝高低差是否超差，梁底起拱高低控制情况如何。 4. 钢筋绑扎是否按变更后的图纸施工。 5. 要求施工单位做好自检工作，提高一次验收合格率，上道工序验收合格后，才可签署验收意见同意施工单位进行下道工序。 6. 发现搭设模板的钢管、扣件壁厚不足、变形、弯曲、残损的应禁止使用。
其他事项	1. 监理人员要认真阅读图纸，工作中善于发现问题，不懂就问，不断提高业务知识水平和监理水平。 2. 近期监理人员应认真记录周边及基坑内支护结构的裂缝发生、发展情况。 3. 涉及工程签证事项，监理人员要认真计量、现场见证、及时汇报。
记录人：	总监理工程师：

想一想练一练：

1. 什么是工地例会？工地例会由谁主持？谁参加？有何作用？
2. 会议纪要作为重要的指令性文件应记录哪些单位的相关内容？
3. 第一次工地会议，作为建设单位一般做哪些说明？
4. 第一次工地会议，作为监理单位一般做哪些解释？
5. 监理人员的职业道德教育应包括哪些内容？
6. 现有某住宅工程即将开工，监理拟召开第一次工地会议，你作为监理员负责现场记录，请草拟一份会议记录预案。
7. 某实施监理的工程项目，在建设单位主持召开的第一次工地会议上，建设单位介绍工程开工准备工作基本完成，施工许可证正在办理，要求会后就组织开工。总监理工程师认为施工许可证未办理好之前不宜开工。对此，建设单位代表很不满意，会后建设单位起草了会议纪要，纪要中明确边施工边办理施工许可证，并将此会议纪要送发监理单位、施工单位，要求遵照执行。
   事件中，建设单位在第一次工地例会上的行为有哪些不妥？请写出正确做法。

情景案例一

世纪花园第一标段住宅项目 1#楼工程位于滨海市经开区峰影路北侧、胜利路南侧，剪力墙结构，共计 9 层，无地下室。框架-剪力墙结构，基础采用桩基础。建筑总面积 4391.54m^2，建筑高度为 26.7m，抗震等级 3 级，设防烈度为 7 度，设计使用年限为 50 年，中高层住宅，耐火等级地上为二级，外墙均为填充墙，为 200 厚砂加气混凝土砌块，内墙采用灰加气混凝土砌块。屋面防水等级为Ⅰ级。计划工期 180 天。

施工现场场地经推土机推平，已达平整，土质良好无积水，不需要重新进行地基处理。道路交通情况良好，不限制货车通行，可以满足运输材料等方面的要求。施工场内已规划出环形道路，目前是土路上垫碎砖，待土方施工时将做道路硬化，满足场内材料运输周转。建设单位已将临时水源接到施工现场，通过施工和生活用水量计算，确定施工用水量相应较小，故直接按计算结果确定输水管直径即可，施工现场沿线输水管管径 D = 65mm，现场布置输水管按照施工场地、加工场地、办公场地、宿舍区、厕所，均配一个自来水接驳。

本工程严格按照国家关于工程开工的规定，办理好相关的审批手续，已具备开工条件。

五方责任主体为：

建设单位：金鑫房地产开发有限公司，项目负责人：张甲

监理单位：启创工程监理有限公司，总监理工程师：李乙

施工单位：古建建筑有限公司，项目经理：王丙

设计单位：江海建筑设计研究院，项目负责人：赵丁

勘测单位：滨海市市政设计研究院，项目负责人：孙辛

由于具备开工条件，决定于 2021 年 3 月 15 日开工，并于当日召开第一次工地会议。

会议纪要

工程名称： A.0.7_____

各与会单位：
　　现将会议纪要印发给你们，请查收。

　　附：会议纪要正文共____页。

项目监理机构(章)：_____
总监理工程师/总监理工程师代表(签字)：_____
　　　　　　　　　　　　　　　年　月　日

会议地点		会议时间	
组织单位		主持人	

续表

会议议题		
各与会单位及人员签到栏	与会单位	与会人员

注：1. 本会议纪要分为第一次工地会议纪要（A.0.70）、监理例会纪要（A.0.71）、专题会议纪要（A.0.72）、项目监理机构内部会议纪要（A.0.73）。
　　2. 本表与会议纪要正文参会单位各一份。

工程例会纪要

召开单位		编　号	
工程名称		时　间	
会议主题		地　点	
主 持 人		记录人	
参加单位			

会议内容：

任务二　监理日志的填写

监理日志是项目监理机构每日对建设工程、监理工作及施工进展情况所做的记录。监理日志是监理公司、监理工程师工作内容、效果的重要外在表现。管理部门也主要通过监理日志的记录内容了解监理公司的管理活动。通过监理日志，监理工程师可以对一些质量问题和一些重要事件进行准确追溯和定位，为监理工程师的重要决定提供依据。对监理日志进行统计和总结，可以为监理月报、质量评估报告、监理工作总结、监理全会等提供重要内容。

监理日志应该真实、准确、全面地记录与工程进度、质量、安全等相关的问题，用词要准确、严谨、规范。主要事件、重大的施工活动均应记录在监理日志上，尤其是施工中存在的安全、质量隐患和对承包商的重要建议、要求等。把所发生的问题以及解决途径、方法记录下来，这样不仅便于查找，也有利于业主和主管单位更全面地了解监理工作内容与监理工作业绩。

任务目标

1. 正确填写监理日志，明确监理日志的作用。
2. 在监理日志的填写中培养认真、负责的态度。
3. 了解监理日志应包含的内容，学会填写监理日志。

规范依据

1. 《建设工程监理规范》(GB/T 50319—2013)。
2. 江苏省建设工程监理现场用表(第五版)。

任务实施

一、监理日志的主要内容

(1) 当日材料、构配件、设备、人员变化的情况。
(2) 当日施工的相关部位、工序的质量、进度情况；材料使用情况；抽检、复检情况。
(3) 施工程序执行情况；人员、设备安排情况。
(4) 当日监理工程师发现的问题及处理情况。
(5) 当日进度执行情况；索赔(工期、费用)情况；安全文明施工情况。
(6) 有争议的问题，各方的相同和不同意见；协调情况。

（7）天气、温度的情况，天气、温度对某些工序质量的影响和采取措施与否。

（8）承包单位提出的问题，监理人员的答复等。

二、监理日志填写的有关事项

（1）应如实反映施工现场巡查、旁站、见证取样、平行检验监理情况（包括口头通知、协调等）。

（2）各种工序验收情况（包括测量放线等）应详实并与其他资料一致。

（3）除工序外的施工单位各种报验、报审情况（如混凝土浇筑报审、工程材料/构配件/设备报验、施工起重机械安装/使用/拆卸报审、施工方案报审、分包单位资质报审、进度报审、工程费用报审等各种报审）应完整。

（4）必须要有安全生产管理的监理工作（专项方案与安全技术措施审核、现场安全生产状况及纠违措施等）。

（5）如遇召开各种会议，应注明详情见会议纪要。

（6）应有异常事件的发生及处理情况记录（如质量安全事故、停复工、索赔等）。

（7）其他应记录的主要工作事项。

（8）日志记录的各事项的处理须闭合。记录内容较多可添置附页（可在表格的背面）。

（9）大中型项目宜分标段（或片区）、分专业填写，具体划分范围由总监理工程师决定。

（10）监理日志由总监理工程师指定专业监理工程师组织编写。

（11）监理日志应及时填写，并保持原始记录的真实性。

（12）监理日志的组成。

1）时间、天气、工程名称等。

2）监理工作情况。

3）施工情况。

4）其他事项。

5）会签栏（图1-4）。

记录人（签字）：	审核人（签字）：

图1-4 监理日志会签栏

三、工程实例

监理日志实例表见表1-5。

表1-5 监理日志实例表

A.02

监 理 日 志（　　）

日期：__2015__年__3__月__5__日　　　　　　　　天气：__晴__

星期：__四__　　　　　　　　　　　　　　　　　气温：__3℃~10℃__

工程名称：__金鑫花园小区工程__

监理工作情况	1. 旁站：对大型机械安装、拆卸、加节、混凝土浇筑、防水施工、保温施工及其他工序施工进行旁站并做好旁站记录。 2. 巡视施工过程质量及质量验收：对楼层钢筋模板施工质量、模板拆除、混凝土外观、施工材料等，并记录发现的质量问题，对问题进行闭合会签。 3. 巡视安全文明情况：对塔式起重机、施工升降机、外脚手架架设、安全网挂设、卸料平台安装拆卸、其他安全文明等。记录发现安全质量问题，对问题进行闭合及会签。 4. 是否下发监理工程师通知单、暂停令、联系单等文件，在回复期内进行闭合。 5. 签收工程内业资料情况。 6. 参加工程例会、项目内部会议、专题会议、专项验收会议等并做好记录。 7. 对进场施工材料，检查表观质量，做好记录并及时进行取样送检
施工情况	施工单位 | 施工内容及进度
	建筑公司 | 质量情况：具体楼层的施工质量，人员、机械配备。 安全情况：现场大型机械塔式起重机、施工升降机、卸料平台等，楼层临边洞口安全防护，现场临时用电等其他安全事项
其它事项	行政主管部门对现场进行的检查及验收
记录人(签字)：	审核人(签字)：

第五版表　　　　　　　　　　　　　　　　　　　　江苏省住房和城乡建设厅监制

说明：本表由监理机构指定专人填写，按月装订成册。

想一想练一练：

1. 如何理解"日志记录的各事项的处理须闭合"中的"闭合"？
2. 如何填写监理日志？监理日志有哪些作用？
3. 分析下列监理日志记录填写不妥之处。
   （1）案例1：王工今日过生日，小聚畅饮于××饭店，饭后回工地。
   （2）案例2：晚上9:30，施工单位李某没有按有关规定通知我方，第一车混凝土到位，我不同意浇筑，此时正好甲方代表王工不在现场，我先后3次电话请示王工，但电话打通后对方未接电话，据施工员说，王工与施工老板到××宾馆吃饭洗桑拿去了，无奈之下，由于今晚不具备条件，我要求施工单位退回混凝土。
4. 监理日志应填写哪些内容？

情景案例二

世纪花园第一标段住宅项目1#楼工程进入到二楼楼板支模阶段，楼层划分两个施工段1~9轴及9~18轴进行流水施工，其中一个施工段即将支模完工。另一个施工段刚开始进行一层柱钢筋绑扎阶段，钢筋连接方式为电渣压力焊。

现对此阶段某天施工过程进行监理日志的填写。

监理日志（　　　）

日期：＿＿＿年＿＿月＿＿日　　　　　　　　　　　　　　天气：＿＿＿＿
星期：＿＿＿　　　　　　　　　　　　　　　　　　　　　气温：＿＿＿＿
　工程名称：

监理工作情况	
施工情况	施工单位	施工内容及进度
其它事项	

记录人（签字）：　　　　　　　　　　　　审核人（签字）：

任务三　监理月报编写中监理员的工作及相关内容

任务目标

1. 了解监理月报，熟悉监理月报的主要内容。
2. 学会填写监理月报。

规范依据

1.《建设工程监理规范》（GB/T 50319—2013）。
2. 江苏省建设工程监理现场用表(第六版)。

任务实施

一、知识准备

（1）监理文件资料应包括：监理月报、监理日志、旁站记录等文件。
（2）监理月报是项目监理机构每月向建设单位提示的建设工程监理工作及建设工程实施情况等分析总结报告。
（3）总监理工程师应履行的职责：组织编写监理月报、监理工作总结；组织整理监理文件资料。
（4）专业监理工程师应履行的职责：组织编写监理日志；参与编写监理月报。
（5）项目监理机构应建立月完成工程量统计表，对实际完成量与计划完成量进行比较分析，发现偏差的，并提出调整建议，应在监理月报中向建设单位报告。
（6）项目监理机构应比较分析工程施工实际进度与计划进度，预测实际进度对工程总工期的影响，并应在监理月报中向建设单位报告工程实际进展情况。

二、监理月报的主要内容

（1）本月工程描述。
（2）工程质量控制。包括本月工程质量状况及影响因素分析、工程质量问题处理过程及采取的控制措施等。
（3）工程进度控制。包括本月施工资源投入、实际进度与计划进度比较、对进度完成情况的分析、存在的问题及采取的措施等。
（4）工程投资控制。包括本月工程计量、工程款支付情况及分析、本月合同支付中存在的问题及采取的措施等。
（5）合同管理的其他事项。包括本月施工合同双方提出的问题、监理机构的答复意见和工程分包、变更、索赔、争议等处理情况，以及对存在的问题采取的措施等。

(6)施工安全和环境保护。包括本月施工安全措施执行情况、安全事故及处理情况、环境保护情况、对存在的问题采取的措施等。

　　(7)监理机构运行状况。包括本月监理机构人员及设施、设备情况，还需发包人提供的条件或解决的情况等。

　　(8)本月监理综合评价。包括对本月工程质量、进度、计量与支付、合同管理其他事项、施工安全、监理机构运行状况的综合评价。

　　(9)下月监理工作计划。包括监理工作重点，在质量、进度、投资、合同其他事项和施工安全等方面需采取的预控制措施等。

　　(10)本月工程监理大事记。

　　(11)其他应提交的资料和说明事项等。

　　(12)本月监理方人员安排。

　　(13)进度形象对比图。

　　(14)存在问题及建议。

三、工程范例

1. 监理月报的组成

(1)期次、时间、内容提要、监理签章。
(2)月工程情况概要。
(3)本月工程现场大事记录。
(4)各情况评析及下月目标展望。

2. 监理月报实例

监理月报如图 1-5、表 1-6~表 1-10 所示。

<u>××××</u>工程

监理月报

第<u>8</u>期

<u>2021</u>年<u>9</u>月<u>26</u>日 至 <u>2021</u>年<u>10</u>月<u>25</u>日

内容提要：
工程实施概况
月工程质量控制情况评析
月工程安全生产管理工作评析
月工程进度控制情况评析
月工程造价控制情况评析
本月工程其他事项

项目监理机构（章）：_____
总监理工程师①：_____
日期：_____

图 1-5　监理月报封面

---

① 总监理工程师代表（签字）：

表 1-6　本月工程实施概要

相关情况登记			
本月日历天	30 天	实际工作日	29 天
工程暂停令	/份	联系单	/份
监理备忘录	/份	监理通知单	1 份
例会会议纪要	5 份	其它发文	/份
本月工程实施概要			

一、工程实施概要

工程名称：×××住宅项目

建设地点：×××路交会点西北角

建设规模：总建筑面积为×××m^2、其中住宅面积为 107 716 m^2、商业楼面积为 8 652 m^2、幼儿园面积为 1 440 m^2、地下室面积为 36 000 m^2，工程总造价为 37 275 万元。房屋结构类型为框剪-剪力墙，拟建房屋包含：写字楼 19 层 1 栋、住宅楼(11 层 2 栋、18 层 2 栋、26 层 3 栋、28 层 5 栋)共 12 栋、幼儿园 3 层 1 所、配套相应商业楼层(1~2 层)多栋，含地下一层。

计划工期：施工工期暂定为 800 个日历天，根据每个施工合同具体约定。

二、本月施工情况

本月管桩已全部完成，完成 2#、7#、24#、26#板块地下室底板混凝土浇筑；1#、2#、3#、12#、15#、24#、26#、29#、30#板块地下室墙体、顶板混凝土浇筑；16#商铺装修；8#楼商铺装修；会所装修；4#楼 11 层墙柱、12 层梁板，3#楼 7 层墙柱、8 层梁板，5#楼 3 层墙柱、4 层梁板，8#楼 3 层墙柱、4 层梁板，9#楼 2 层墙柱、3 层梁板

表 1-7　本月工程质量控制情况评析

本月质量控制情况登记			
本月材料、构配件、设备验收次数	42 次	检查不符合要求识数	1 次
本月工程度量验收次数	次	其中一次验收合格计	次
发出监理通知单(质量控制类)		1 份	
工程质量情况简析(文字或图表)			

一、总体施工质量情况：

1. 钢筋分项工程：本月现场各楼号钢筋分项工程施工情况简介如下：2#1 层墙板钢筋绑扎，3#楼 19~23 层钢筋绑扎，4#楼 5~8 层钢筋绑扎，5#楼 2~4 层钢筋绑扎，6#楼 7~10 层钢筋绑扎，7#楼 9~13 层钢筋绑扎，8#楼 9~12 层钢筋绑扎，地库二(一区 9 段)负一层钢筋绑扎，钢筋原材料经取样送检合格，钢筋绑扎按图纸施工，现场符合施工要求。

2. 模板分项工程：2#楼 1 层墙柱梁板，3#楼 19~23 层墙柱梁板，4#楼 6~8 层墙柱梁板，5#楼 2~4 层墙柱梁板，6#楼 7~9 层墙柱梁板，7#楼 9~13 层墙柱梁板，8#楼 9~12 层墙柱梁板，地库一(1、2 段)地库二(二区 9 段)墙板封模经验收合格。

3. 混凝土分项工程：2#楼 1 层混凝土浇筑，3#楼 19~23 层混凝土浇筑，4#楼 6~8 层混凝土浇筑，5#楼 2~3 层混凝土浇筑，6#楼 7~9 层混凝土浇筑，7#楼 10~12 层混凝土浇筑，8#楼 9~12 层混凝土浇筑，地库一(3 段)，地库二(一区 9、10 段)地下一层，混凝土浇筑符合设计要求。

4. 土方回填分项工程：地库一 3 段，二区地库第 10 段土方回填。

5. 防水分项工程：地库二二区地库外墙刷防水层施工符合要求。

任务三　监理月报编写中监理员的工作及相关内容

续表

二、质量问题：
本月现场巡视检查中发现相关质量问题：施工单位在施工中使用的焊接焊管厚度不足，与方案不一致，要求做退场处理，施工单位已全部退场，并对现场各楼号水电检查，若发现使用的不合格焊接钢管全部返工，更换合格焊接管。
以上问题施工单位已及时完成整改
下月质量情况预计和目标
1. 钢筋分项工程：1#~8#楼各楼层施工，地库一、地库二现场钢筋绑扎要按图纸施工并符合要求，现场电渣压力焊验收符合要求，对各楼号使用的原材料及时送样，检测合格后投入施工。 2. 模板分项工程：1#~8#楼各楼层施工，地库一、地库二部分区段，做好各部位模板施工前的验收工作，验收合格后再封模等施工。 3. 混凝土分项工程：1#~8#楼各楼层施工，地库一、地库二部分区段，现场混凝土浇筑质量合格及养护工作到位，并做好现场混凝土试块留置符合要求

表 1-8　月施工安全生产管理工作评析

本月施工安全生产管理工作情况登记		
参考安全检查次数		次
危大工程专项巡视检查次数		次
危大工程验收次数		次
发出监理通知单（安全文明类）		份
工程施工安全生产管理工作简析（文字或图表）		
施工单位安全生产管理状况： 1.2021 年 9 月 27 日，监理工程师现场巡查发现：3#楼人货梯基本已安装完成，但检测工作未做，要求尽快安排检测。 2.2021 年 9 月 28 日，监理工程师现场巡查发现：7#楼塔式起重机附墙已安装完成，但检测工作未做，要求尽快安排检测。 3.2021 年 10 月 9 日，监理工程师现场巡查发现：临时用电、悬挑脚手架、卸料平台、模板支撑、人货梯等方面存在安全隐患。 4.2021 年 10 月 17 日，监理工程师现场巡查发现：要提前做好防火措施，施工升降机使用登记证抓紧办理上报，现场塔式起重机指挥要求持证上岗。 5.2021 年 10 月 20 日，监理工程师现场巡查发现 7#楼悬挑脚手架存在安全隐患问题。 6.2021 年 10 月 22 日，监理工程师现场巡查发现：外脚手架搭设高度不符合要求，现场电缆、电线私拉乱接楼层动火无防护，外脚手架上的木方、模板要求及时清运；悬挑脚手架斜撑的支点要求定位加固。 履行建设工程安全生产管理法定职责情况： 1. 对现场三宝、四口、五临边进行检查，确保安全生产。 2. 对施工现场临时用电进行检查，确保现场临时用电安全。 3. 对生活区临时用电及消防进行检查，确保生活区无安全隐患存在。 4. 对基坑围护进行巡查，确保基坑及周围施工人员的安全。 5. 对悬挑脚手架搭设、连墙件设置、内档防护等检查，确保安全使用。 6. 对现场使用的卸料平台检查，确保安全使用。 7. 对各楼号模板支撑进行检查，确保安全生产。 8. 对现场塔式起重机及小型机械定期进行检查，确保安全生产。		

续表

下月施工安全生产管理的监理工作重点
下月监理组重点检查如下事项： 1. 对基坑支护进行安全跟踪检查。 2. 施工人员的操作是否符合安全操作规程的要求。 3. 现场大型机械设备的安全使用情况。 4. 对现场三宝、四口、五临边进行检查。 5. 对生活区用电进行检查。 6. 对施工现场临时用电进行检查

表 1-9　本月工程进度控制情况评析

工程开工日期	2019 年 2 月 16 日	工程竣工日期	2021 年 2 月 15 日
本月计划完成至	地库二(二区9段)地下一层1梁板钢筋绑扎，地库二(二区10段)土方开挖，地库二(一区4~5段)地下一层混凝土浇筑，地库一围护桩施工，1#楼围护桩施工，2#楼技术间歇期，3#楼23层梁板钢筋绑扎，6#楼10层梁板钢筋绑扎，4#楼8层墙板钢筋绑扎，5#楼5层混凝土浇筑，7#楼14层墙柱钢筋绑扎，8#楼12层混凝土浇筑		
本月实际完成至	地库二(二区1~9段)地下室顶板混凝土浇筑完成，地库二(二区10段)垫层混凝土浇筑，地库一(1段)负一层墙柱模板安装，3#楼23层混凝土浇筑完成，4#楼东单元8层混凝土浇筑完成，西单元7层混凝土浇筑完成，5#楼4层墙柱钢筋绑扎，6#楼10层梁板钢筋绑扎，7#楼14层墙柱钢筋绑扎，8#楼12层混凝土浇筑完成		
本月批准延长工期	2 天	累计延长工期	2 天
发出监理通知单(进度控制类)	5 份		
本月工程进度控制情况简析(文字或图表)			
本月历时30天，实际施工29天，计划完成与实际完成对比简析： 1. 地库二(二区9、10段)实际进度与计划进度基本一致。 2. 3#、4#、6#、7#、8#楼实际进度与计划进度基本一致。 3. 1#楼因基坑围护问题暂停施工。 4. 5#楼实际进度与计划进度滞后，要求调整			
下月进度控制监理工作重点			
地库施工情况预计： 地库二(二区10段)地下二层墙柱梁板混凝土浇筑全部完成。 各楼层工程进度预计： 3#楼23~27层梁板钢筋绑扎完成，4#楼8~10层墙柱梁板混凝土浇筑完成，5#楼4~7层梁板钢筋绑扎完成，6#楼10~13层梁板钢筋绑扎完成，7#楼14~17层梁板钢筋绑扎完成，8#楼13~16层梁板钢筋绑扎完成			

任务三 监理月报编写中监理员的工作及相关内容

表 1-10 本月造价控制情况评析表

工程合同资额			万元
截止本月 25 日累计完成金额占工程合同总额百分比			%
本月施工单位申报工作量	万元	监理审核工作量	万元
本月批准付款	万元	累计批准付款额	万元
本月发生批准索赔	万元	累计发生索赔额	万元
发出监理通知单（造价控制类）			份
工程造价控制情况简析（文字或图表）			
根据合同中工程款支付方式：要求完成±0.00 混凝土结构工程支付人民币 5 000 万元整，全部主体 8 层完成后，支付至±0.00 工程量的 75%。全体主体 12 层完成，支付至已完成工程量的 75%。 因现场目前施工情况是 1#、2#楼及部分地库未完成正负零的工程量，其余楼号均已在主体施工阶段，且个别楼号已超过 12 层，经建设单位和施工单位、监理单位三方协商，由施工单位本月申请支付基础节点工程款 1 200 万元整。 故本月监理部批付工程款 1 200 万元整，累计付款 6 200 万元			
下月造价控制监理工作重点			
根据现场实际施工进度情况，估计下月完成工程量款约为 1 800 万元，已累计完成约 13 550 万元			

想一想练一练：

1. 什么是监理月报？监理月报的主要内容有哪些？
2. 一份完整的监理月报由哪些内容组成？
3. 三大控制包括哪些？
4. 批准延长工期需要填写什么表格？延长的工期是否属于合同工期？哪些情况可以申请延长工期？

情景案例三

世纪花园第一标段住宅项目 2#楼工程 4 月份钻孔灌注桩施工进行中，本月施工单位分别进行了现场材料堆码、临时用电的排查、道路的卫生清理、临边防护的跟进、班组进场工人的安全技术交底等安全管理及部署工作。进度控制良好，按计划进度进行施工灌注桩 35 根，编号为 11 号至 45 号灌注桩。钢筋进场施工单位进行了接收和复验手续。施工中发现以下问题：

1. 4 月 3 日发现 23#桩成孔施工前，发现钻头尺寸磨损后直径小了 2 厘米；现场通知整改，已整改完成。

2. 4 月 8 日发现 32 号桩钢筋笼吊装时，钢筋连接为单面搭接焊，焊缝不饱满，长度不满度 10d；现场通知整改，已整改完成。

3. 针对提出安全隐患问题均以口头或书面通知及检查记录单等形式要求施工单位整改，基本整改落实到位，安全处于受控状态，未发生安全事故。

本月材料、构配件、设备验收 3 次，检查均符合要求，质量验收 6 次，其中一次验收合格计 4 次，2 次经过二次验收合格。发出监理质量控制通知单 2 次。本工程合同总额 2600 万，截止本月 25 日累计完成金额占工程合同总额百分比 20%，本月施工单位申报工作量 500 万，经监理审核，认定其 460 万工作量，本月批准付款 460 万，累计批准付款 720 万，无索赔，未发出监理造价控制通知单。

现对此阶段该月施工过程进行监理月报的填写。

任务三　监理月报编写中监理员的工作及相关内容

_____工程

监 理 月 报

第_____期
____年__月__日 至____年__月__日

内容提要：
工程实施概况
质量控制情况
费用控制情况
进度控制情况
安全生产管理的监理工作
其它事项

项目监理机构(章)：_____
总监理工程师/总监理工程师代表(签字)：_____
日　　　　期：_____

本月工程实施概要

相关情况登记			
本月日历天	天	实际工作日	天
工程暂停令	份	联系单	份
监理备忘录	份	监理通知单	份
例会会议纪要	份	其它发文	份
本月工程实施概要			

本月工程质量控制情况评析

本月质量控制情况登记			
本月材料、构配件、设备验收次数	次	检查不符合要求次数	次
本月工程质量验收次数	次	其中一次验收合格计	次
发出监理通知单(质量控制类)			份
工程质量控制情况简析(文字或图表)			
下月质量控制监理工作重点			

本月造价控制情况评析

工程合同总额			万元
截止本月 25 日累计完成金额占工程合同总额百分比			%
本月施工单位申报工作量	万元	监理审核工作量	万元
本月批准付款	万元	累计批准付款额	万元
本月发生批准索赔	万元	累计发生索赔额	万元
发出监理通知单（造价控制类）			份
工程造价控制情况简析（文字或图表）			
下月造价控制监理工作重点			

本月工程进度控制情况评析

工程开工日期		工程竣工日期	
本月计划完成至			
本月实际完成至			
本月批准延长工期	天	累计延长工期	天
发出监理通知单(进度控制类)			份

本月工程进度控制情况简析(文字或图表)

下月进度控制监理工作重点

本月施工安全生产管理工作评析

本月施工安全生产管理工作情况登记	
参与安全检查次数	次
危大工程专项巡视检查次数	次
危大工程验收次数	次
发出监理通知单（安全文明类）	份
工程施工安全生产管理工作简析（文字或图表）	
施工单位安全生产管理状况： 履行建设工程安全生产管理法定职责情况： 	
下月安全生产管理的监理工作重点	

本月工程其他事项

项目一 监理员的常规文案工作

任务四　材料进场检查记录

🔍 任务目标

1. 掌握材料进场需要检查的资料。
2. 熟悉规范对材料进场检查的规定和监理对不合格材料的处理方法。
3. 学会正确归档《工程材料、构配件、设备进场/使用报审表》，并报专业监理工程师签认。
4. 学会查看、归档《见证取样登记表》，进行不合格台账的登记。

钢筋拉伸

🔍 规范依据

1.《建设工程监理规范》(GB/T 50319—2013)。
2. 江苏省建设工程监理现场用表(第6版)。

🔧 任务实施

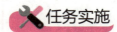 一、知识准备

（1）项目监理机构应审查施工单位报送的用于工程的材料、构配件、设备的质量证明文件，并应按有关规定、建设工程监理合同约定，对用于工程的材料进行见证取样，平行检验。

（2）项目监理机构对已进场经检验不合格的工程材料、构配件、设备，应要求施工单位限期将其撤出施工现场。

（3）常用的原材料进场检查及见证取样。

（4）工程日常材料检查及送样的种类，如钢筋、砌块、水泥、砂、混凝土试块等，具体取样及送检标准详见各分部工程的内容介绍。

（5）原材料进场应提供产品合格证、质量合格证、质量保证书、产品生产许可证、检测报告、使用说明书、产品质量、安全和环保认证及标识，能够反映该物资品种、规格、型号、数量、性能和有关技术标准等质量证明文件。质量证明文件应为原件，如果为复印件，必须加盖原件存放单位公章，并说明存放处、保管人和日期。

（6）监理工程师应核查原材料生产厂家是否是建设单位指定或合同文件要求的。原材料进场施工单位应及时通知监理工程师进行验收，监理工程师检查验收规格、数量、外观

和质量证明文件是否与材料实体一致并符合规范和设计要求。验收合格后督促施工单位及时取样进行复试。

（7）原材料进场应要求施工单位及时填报《材料进场报验单》，并附质量证明文件，报监理工程师签认。

（8）验收合格进入施工现场的工程材料应按产地、品种、批次、规格在平整的场地上（或棚内）分别堆放，保持整洁，具备防水、防火、防潮、防冻、防污染等防护条件；材料场地设有载明材料名称、产地、品种、规格、批号、数量、检验状态、责任人等内容的材料标识。

（9）原材料进场验收不合格的，监理工程师应书面通知施工单位，施工单位应及时进行现场清理。现场监理应对材料退场情况进行见证并留影像资料。

（10）监理工程师对未经验收或验收不合格的材料拒绝签认的，应签发监理工程师通知单，通知施工单位严禁在工程实体中使用，并限期将不合格品清退出场。

二、工程材料、构配件、设备进场/使用报审表

报审是指工程材料、构配件、设备进场后由监理见证取样，然后送质检站检验，拿到报告后附上材料的材质证明书等，填写该表同时起报送监理审查（表1-11～表1-15）。

表1-11 工程材料、构配件、设备进场/使用报审表

工程名称：_____   编号 B.1.3：_____

致：_____（项目监理机构）
于____年____月____日进场的拟用于工程_____部位的_____，经我方检验合格，现将相关资料报上，请予以审查。
附件：
□进场材料、构配件、设备进场：
　　□工程材料/构配件/设备清单
　　□出厂合格证、质量检验报告等
　　□施工单位自检记录
　　□
□进场材料、构配件、设备使用：
　　□进场复试报告
　　□
本次报审内容是第____次报审。

施工项目经理部（章）：_____
项目经理（签字）：_____
____年____月____日

项目监理机构签收人姓名及时间		施工项目经理部签收人姓名及时间	

续表

审查意见：

附件：□检查记录

项目监理机构(章)：_____
专业监理工程师(签字)：_____
___年___月___日

注：1、本报审表分为工程材料报审(B.1.31)、工程构配件报审(B.1.32)、工程设备报审(B.1.33)，需要进场复试的分进场/使用两次报审。
2、大型设备开箱检查建设单位、设计单位代表应参加。
3、本表一式二份，项目监理机构、施工单位各一份。

表 1-12　标准养护混凝土试块见证取样登记表案例

工程名称：×××　　　　　　　　　　　　　　　监理单位：×××监理有限公司

序号	楼号	部位	制作日期	强度等级	生产厂家	代表数量	试压日期	强度代表值/MPa	养护条件	报告书编号	备注
1	38#楼	①~㉘轴垫层	2019.7.27/1组	C15	×××	100 m³	2019.8.24	27.8	标养	E04010411225755	
2		㉘~㊻轴垫层	2019.7.26/1组	C15	×××	100 m³	2019.8.23	26	标养	E04010411225615	
3		①~㉘轴防水保护层	2019.8.1/1组	C20	×××	72 m³	2019.8.29	24.7	标养	E04010411226284	
4		㉘~㊻轴防水保护层	2019.7.31/1组	C20	×××	75 m³	2019.8.28	24.5	标养	E04010411226221	
5		①~㉘轴底板	2019.8.19/6组	C35	×××				标养		抗压
6		①~㉘轴底板	2019.8.19/2组	C35 P6	×××				标养		抗渗
7		接桩	2019.8.17/1组	C40	×××				标养		抗压
8		㉘~㊻轴底板	2019.8.16/6组	C35	×××	1 100 m³			标养		抗压
9		㉘~㊻轴底板	2019.8.16/2组	C35 P6	×××	1 100 m³			标养		抗渗
10		①~㉘轴地下室一层柱顶梁板	2019.9.8/6组	C30	×××				标养		抗压
11		①~㉘轴地下室一层柱顶梁板	2019.9.8/2组	C30 P6	×××				标养		抗渗

表1-13 现场钢筋材料检测不合格台账登记表案例

工程名称：×××　　　　　　　　　　　　　　　　　　　　　　　监理单位：×××监理有限公司

序号	样品名称	品种等级	规格	代表数量/t	送检日期	产地	炉批编号	不合格报告编号	处理方式	复试日期	复试结果报告	退场情况	退场证明报告
1	钢筋	HRB400	16	16.905	2019.7.12	扬州华航	0506008	E04010211203846	直接退场		不需复试	已退场	有
2	钢筋	HRB400	20	10.005	2019.7.12	扬州华航	0507012	E04010211203845	直接退场		不需复试	已退场	有
3	钢筋	HRB400	10	13.328	2019.7.23	江苏富港	0506164	E0401021204021	直接退场		不需复试	已退场	有
4	钢筋	HPB300	6.5	8.47	2019.9.3	河北九江线材	0257	E0401021204880	直接退场		不需复试	已退场	有

表1-14 混合水泥砂浆检测不合格台账登记表案例

工程名称：×××　　　　　　　　　　　　　　　　　　　　　　　监理单位：×××监理有限公司

序号	样品名称	品种等级	成型日期	龄期/天	养护条件	各组代表值	不合格报告编号	结构部位	检测结果	处理方式	复试结果报告
1	混合水泥砂浆	M7.5	2019.8.8	28	标准养护	27.1	E04010451103250	17#楼地下室墙	异常	现场回弹	检测结果为8.8

表1-15 直螺纹套筒检测不合格台账登记表案例

工程名称：×××　　　　　　　　　　　　　　　　　　　　　　　监理单位：×××监理有限公司

序号	样品名称	品种等级	规格	代表数量	不合格报告编号	复试结果报告	处理方式	送检代表部位	复试结果
1	直螺纹套筒	HRB400	16	500个	E04010231101012	E04010231101213	双倍复检	××	合格
2	直螺纹套筒	HRB400	16	500个	E04010231101011	E04010231101156	双倍复检	××	合格

想一想练一练：

1. 原材料进场应提供哪些材料？
2. 原材料进场时，监理工程师应如何做？
3. 验收合格的材料应如何处理？不合格的材料又如何处理？
4. 直螺纹套筒和电渣压力焊不合格应如何处理？

情景案例四

上次情景案例中 3 月 15 日上午，钢筋一次性进场甲某钢厂 70 吨 HPB300A10，其中炉批号有 3 个 1104974/1104975/1104986；乙某钢铁厂 30 吨 HRB335D18，炉批号 1 个 1509635；甲某钢厂 10 吨 HRB400D25 钢筋，炉批号 1 个 1105038。出厂合格证检验报告齐全，施工单位检查完成后下午由资料员章小小填报《工程材料进场报审表》。

现请你指导施工单位进行《工程材料进场报审表》的填写，并做好监理检查记录。

工程材料进场报审表

工程名称： _____　　　　　　　　　编号：B.1.3— _____

致：_____（项目监理机构）	
于 ___ 年 ___ 月 ___ 日进场的拟用于工程 _____ 部位的 _____，现将相关资料报上，请予以审查。	
附件：	
□ 进场材料、构配件、设备进场：	
□ 工程材料/构配件/设备清单	
□ 出厂合格证、质量检验报告等	
□ 性能检验报告	
□ 施工单位自检记录	
□	
☞ 进场材料、构配件、设备使用：	
☑ 进场复试报告	
☞	
本次报审内容是第次报审。	
	施工项目经理部（章）：_____
	项目经理（签字）：_____
	___年___月___日
项目监理机构签收人姓名及时间	施工项目经理部签收人姓名及时间

续表

审查意见：	
附件：□ 检查记录	项目监理机构（章）：_____ 专业监理工程师（签字）：_____ ____年____月____日

注：1. 本报审表分为工程材料报审、工程构配件报审、工程设备报审，需要进场复试的分进场/使用两次报审。
　　2. 大型设备开箱检查建设单位、设计单位代表应参加。
　　3. 本表一式二份，项目监理机构、施工单位各一份。

任务五　工程签证计量中监理员的工作及相关内容

工程签证是指在施工合同履行过程中，承发包双方根据合同的约定，就费用补偿、工期顺延以及因各种原因造成的损失赔偿达成的补充协议。

🔍 任务目标

1. 了解工程签证计量。
2. 了解设计变更，理解业主和设计单位提出的设计变更包含的内容。
3. 掌握监理不予计量和签证的情况与可以给予计量签证的情况。
4. 了解现场签证的情况。
5. 学会填写工程量签证单。

🔍 规范依据

1.《建设工程监理规范》(GB/T 50319—2013)。
2. 江苏省建设工程监理现场用表(第六版)。

🔧 任务实施

一、知识准备

1. 设计变更的说明

设计变更是保证设计和施工质量、完善工程设计、纠正设计错误以及满足现场条件变化而进行的设计修改工作，包括由建设单位、设计单位、监理单位、施工单位及其他单位提出的设计变更。

设计文件一经审查通过，除设计单位外任何单位和个人不得随意更改。如果项目建设条件的改变或施工实际需要更改原设计，则必须经过深入的调查研究并充分论证，且必须遵守项目合同中的全部规定。

业主提出的设计变更主要涉及已经批准的建设规模、基本原则、主要技术标准、主要功能体系及主要部位。设计变更对外部群体景观、主要使用功能和主要施工方案有着重大影响，如建筑物整体布局、道路、河涌、管线总体走向或高程，大面积地基处理，大面积路基路面结构，群体建筑立面效果，房屋建筑、桥涵的主要基础形式，设备系统主要工艺及主要参数，主要材料和设备等。

设计单位提出的设计变更，应本着对工程技术、工期、投资三大控制相结合的原则，对设计过程中的错、漏及优化问题及时提出变更申请。对变更理由、内容及相关专业影响等，应从全局考虑并详细说明，按程序报批。

监理单位提出的设计变更，主要是在施工过程中，发现现场情况与设计图纸不符合，或为了减少投资，缩短工期，确保质量和安全生产，更好地推进工程建设，根据规范合理地提出变更要求。

图纸以外的项目施工，所发生的必须办理签证、签证单无固定格式要求，但必须写明原因、依据、所在部位、数量等，最好有附图、照片、录像等证明。

2. 监理要求

（1）监理工程师要熟悉施工图，审查单位工程、分部分项工程的工程量，列出工程量清单、变更设计增加的工程量和业主所指定的工作量清单。

（2）承包商报送月报表时，必须附有已完工程的工程量计算单并附已完工程质量合格证明资料和隐蔽工程验收单。

（3）现场监理工程师，根据施工单位月报表和工程量计算单，对已完成的工程工作量进行统计，做好记录，校核施工单位所报工程量的准确性，在计算单上签署意见。

（4）业主根据承包商的报表，现场监理工程师对测量、计算所签署的意见，进行审查后，在月报表中签证。

（5）业主所指定的工程量，必须有业主的书面文字或会议纪要，才能计量签证。

（6）计量签证必须是工程质量合格才能签证，如果存在下列问题，应分别对待进行处理。

1）工程质量不合格或存在缺陷的，通知承包商进行返工或修补，达到合格后方可签证。

2）对已完成的工程量，工程质量不合格、影响结构安全或不符合使用功能要求、承包商又无技术力量处理的，工程量不得签证，施工单位还要承担全部返工的经济损失。

3. 不予计量和签证的情况

（1）在施工过程中，施工图（包括设计变更）范围内，以实际完成的且工程质量达到合格标准方可进行计量签证，但累计签证计量不能突破施工图（包括设计变更增加的工程量）中的总量，对承包商超出设计图纸要求增加的工程量和自身原因造成返工的工程量，不予计量。

（2）在施工过程中，可能受拆迁工作的影响，承包单位在投标中就充分考虑这一因素，由此而引起的费用增加，不得签证。

（3）因承包商原因赶工期而需要增加的费用，已包含在投标报价中，不得签证。

（4）因工期紧迫，要求承包人提前进入现场做好施工准备工作，由此产生的设备闲置费用已考虑在施工合同总价中，不得签证。

4. 可以予以现场签证的情况

现场签证是施工生产活动中用以证实在施工中遇到的某些特殊情况的一种书面资料。因此，除设计变更通知书、工程更改证书或纪要、材料代用证书、施工组织设计的技术措施方案、定额中明确规定的有关问题，以及应具备技术文件、通知单证明书、甲乙双方协调的会议纪要等项目不应签证外，应严格控制现场签证范围。

（1）土方开挖时的签证。地下障碍物的处理：开挖地基后，如发现古墓、管道、电缆、防空洞等障碍物时，将会同甲方、监理工程师的处理结果做好签证，能图示表示的尽量绘图表示，否则，用书面表示清楚；地基开挖时，如果地下水位过高且超出预计，排地下水所需的人工、材料及机械必须签证；地基如出现软弱地基，处理时所用的人工、材料、机械应签证并做好验槽记录；现场土方如为杂土，不能用于基坑回填时，土方的调配方案，如现场土方外运的运距，回填土方的购置及其回运运距；大型土方的机械合理的进出场费次数。

（2）工程开工后，工程设计变更给施工单位造成的损失，如施工图纸有误，或开工后设计变更，而施工单位已开工或下料造成的人工、材料、机械费用的损失应签证。工程需要的小修小改所需要人工、材料、机械也应签证。

（3）停工损失。由于甲方责任造成的停水、停电超过一周内累计超过 8 h 范围，在此期间工地所使用的机械停滞台班、人工停窝工，以及周转材料的使用量都应签证清楚。

（4）甲方供料时，供料不及时或不合格给施工方造成的损失。施工单位在包工包料工程施工中，由于甲方指定采购的材料不符合要求，必须进行二次加工的签证以及设计要求而定额中未包括的材料加工内容的签证。甲方直接分包的工程项目所需的配合费用。

（5）材料、设备、构件超过定额规定运距的场外运输，待签证后按有关规定结算；特殊情况的场内二次搬运，经甲方驻工地代表确认后签证。

（6）续建工程的加工修理。甲方原发包施工的未完工程，委托另一施工单位续建时，对原建工程不符合要求的部分进行修理或返工的签证。

（7）工程项目以外的签证。甲方在施工现场临时委托施工单位进行工程以外的项目的签证。

二、工程实例

（1）某工程用预应力钢筋混凝土管桩基础，施工中出现断桩现象，施工方未及时通知监理方，继续施工，在后续工序隐蔽后才向监理汇报，监理对此不予认可。

监理认为：对没有及时对隐蔽工程验收及时确定断桩原因的，不仅断桩本身不能签证计量，因断桩而改变的承台等引起的其他费用增加均不能计量。

（2）工程量签证单实例见表 1-16。

表 1-16 工程量签证单

工程名称	×××住宅楼 9#楼	工程部位	桩基础
建设单位	×××房地产开发有限公司	施工单位	×××建筑工程公司
监理单位	×××监理有限公司	签证时间	2021.6.23
施工内容、工程量及图示： 1. 配电箱基础人工及材料费 400 元。 2. 7#楼基础取芯检测机械打翻导致承台破坏。 3. 桩补取芯洞用水泥，补桩芯孔每根，24 包×17 元/包＝408 元			
建设单位：（盖章） 专业工程师： 项目部经理：	施工单位：（盖章） 施工单位代表：		监理单位：（盖章） 专业监理工程师： 总监或总监代表：

想一想练一练：

1. 名词解释：工程签证、现场签证、设计变更。
2. 业主提出的设计变更有哪些？
3. 监理过程中哪些情况不予签证？
4. 工程量签证单需要有哪些单位的签字确认？
5. 因停工损失造成的现场签证包含哪些内容？甲供材料不及时或不合格造成损失时现场签证包含哪些内容？
6. 土方开挖时遇到哪些情况可以申请签证？
7. 隐蔽工程隐蔽前增加的工程量施工单位未报监理核定而进行下道工序的施工，事后申请签证监理应认可吗？

情景案例五

接"情景案例一"，在开工前施工单位复核清单时发现位于 2#楼的 2#塔吊基础有以下项目漏项：

1. 机械挖土深 4 米，塔吊基础底部开挖尺寸为 5×5 米，开挖放坡比例 1∶1。
2. 模板 5×3×4＝60（m²）。
3. 钢筋：
HPB300，直径 12mm：1.12×0.888×100＝99.46kg
HRB335，直径 20mm：5/0.272×2.468×4.9＝919.1kg
HRB400，直径 30mm：0.4×5.553×8＝17.77kg

合计:1.04t。

塔吊挡墙:半径2.2m,1.3m高,0.24m厚挡墙。

计算为:$2×3.14×2.2×1.3×0.24=4.31m^3$。

合计:2300块砖。

现请你指导施工单位进行《工程量签证单》的填写。

工程量签证单

工程名称		工程部位	
建设单位		施工单位	
监理单位		签证时间	

建设单位:(盖章) 专业工程师: 项目部经理:	施工单位:(盖章) 施工单位代表:	监理单位:(盖章) 专业监理工程师: 总监或总监代表:

任务六　日常巡视检查中监理员的工作及相关内容

任务目标

1. 认识到监理日常巡视检查的重要性。
2. 了解日常巡视检查监理工作的范围。
3. 了解日常巡视检查监理时间的要求。

任务六 日常巡视检查中监理员的工作及相关内容

4. 掌握监理日常巡视的内容。
5. 理解监理员巡视检查监理工作责任、巡视检查监理发现问题的处理方法。
6. 学会巡视检查监理记录的正确填写。

规范依据

1.《建设工程监理规范》(GB/T 50319—2013)。
2. 江苏省建设工程监理现场用表(第六版)。

任务实施

一、知识准备

（1）日常巡视检查监理工作范围：对施工现场的巡视、检查、检验、验收、实物计量、协调等工作，均属于日常巡视检查监理工作。

（2）日常巡视检查监理时间要求：监理人员每日必须上、下午各巡视检查一次，累计巡视检查时间不少于3 h。

（3）监理员巡视检查监理工作责任：

1）保证巡视检查时间。
2）填写有关记录。
3）发现问题，立即向项目总监报告。
4）拟写整改(预控)监理通知，报项目总监批准后发出。
5）跟踪落实。

（4）监理日常巡视内容。监理人员应经常地、有目的地对承包单位的施工过程进行巡视检查、检测。主要检查内容如下。

1）是否按照设计文件、施工规范和批准的施工方案施工。
2）是否使用合格的材料、构配件和设备。
3）施工现场管理人员，尤其是质检人员是否到岗到位。
4）施工操作人员的技术水平、操作条件是否满足工艺操作要求、特种操作人员是否持证上岗。
5）施工环境是否对工程质量产生不利影响。
6）已施工部位是否存在质量缺陷。对施工过程中出现的较大质量问题或质量隐患，监理工程师宜采用照相、摄影等手段予以记录。

（5）巡视检查监理发现问题的处理。

1）发现施工企业违规操作，应责令其整改，并及时告知专业监理工程师由专业监理工程师发出整改通知。
2）发现危及工程质量、施工安全的，应立即向项目总监报告，由项目总监采取应急措施，并迅速发出整改通知。
3）发现对后续施工或其他专业工程产生质量或安全隐患的，应责令施工单位整改，同

项 目 一 监理员的常规文案工作

时发出整改(预控)通知。

(6)巡视检查监理记录。

1)每天填写监理日志(巡查记录表)。

2)如某时间段进行了旁站监理工作,则该段时间只须填写旁站监理记录表。

二、工程实例

巡视检查的记录一般在监理日志和旁站监理记录表中记录,安全监理巡视检查记录表见表1-17。

表1-17 安全监理巡视检查记录表

工程项目名称: 金鑫花园小区工程　　　　　　　　　　　　　编号: 001

巡视部位	打桩施工现场东北角
施工现场安全文明施工评价	施工现场安全文明施工基本安全,比较文明规范,但存在安全隐患。
现场存在的问题	1. 施工现场四周围栏简易,需要更换整改。 2. 洛阳铲皮带轮无防护措施,必须整改。 3. 现场施工用电管理不规范,存在一般工作人员私自用电现象,配电箱没有加锁,没有设围栏。开关箱距离用电设备太远。 4. 现场电缆有破损。
巡视时间	2021年8月10日

想一想练一练:

1. 日常巡视检查监理工作范围有哪些?
2. 监理日常巡视检查有哪些时间要求?
3. 简述监理日常巡视的内容。
4. 巡视检查中,监理员发现问题应如何处理?

情景案例六

接"情景案例一",今天是2021年6月12日,晴,气温25℃,进行三宝四口、脚手架、卸料平台、施工电梯、塔吊、钢筋加工棚、木工加工棚、施工用电等进行现场巡视,现根据以下情况填写《安全监理巡视检查记录表》,编号A.06-20210612。

1. 现场二级配电箱安装不能防雨,分配电箱与开关箱的距离有50m。
2. 施工电梯操作工证书有效期至2021.06.10,仍在上岗。
3. 脚手架部分缺少扫地杆、斜撑,3层A/11-18轴连墙件被拆除未恢复。
4. 卸料平台下部支撑杆件根数少,平台出现晃动。

5. 塔吊吊运钢筋时，由钢筋班班长指挥吊运。
6. 4层电梯洞口没有防护
7. 工人均按要求佩戴好安全帽。
8. 钢筋加工棚形同虚设，木工加工区拖线板乱拖乱拉。

安全监理巡视检查记录表

工程项目名称：　　　　　　　　　　　　　　　　　　　　编号：

巡视部位	
巡视时间	
施工现场安全文明施工评价	
现场存在的问题	
发现问题及处理情况	
	巡查人员（签字）：_____ 　　　　　　年　月　日

任务七　旁站中监理员的工作及相关内容

　　旁站监理是指在项目施工过程中，监理人员在一旁守候、监督施工操作的做法。监理公司在施工阶段监理过程中要进一步发挥好旁站作用，并要规范旁站行为，切实提高工程的实效，保证工程质量。监理企业进行旁站监理是法律赋予的重要职责。旁站监理是监理企业进行质量控制的一个重要手段，也是杜绝不规范行为的重要手段。

项目一　监理员的常规文案工作

任务目标

1. 了解旁站，知道旁站是监理工作的内容之一。
2. 在了解旁站的基础上，充分了解旁站的重要性。
3. 熟悉监理旁站的主要内容。
4. 认真对待监理交底和培训。
5. 学会填写旁站记录表。

规范依据

1. 《建设工程监理规范》(GB/T 50319—2013)。
2. 江苏省建设工程监理现场用表(第六版)。

任务实施

一、旁站监理程序

旁站监理是对建筑工程全过程、全方位控制的一种方法，为了保证工程质量和施工安全，必须按照《房屋建筑工程施工旁站监理管理办法》进行。对施工过程中的一些关键部位、关键工序和容易忽视的方面进行重点检查和监控。如对材料进场的旁站取样、对沉降监测的数据复核、对钻孔灌注桩试桩的工艺参数研究确定、对铝合金窗的淋水试验检查监督等，都应该安排旁站监理，如图1-6所示。

二、制定切实可行的旁站监理方案

旁站监理方案是监理人员在充分了解工程特点及监控重点的基础上，确定必须加以重点控制的关键工序、特殊工序，并以此制定的旁站监理作业指导方案。现场人员必须按此执行并根据方案的要求，有针对性地进行检查，将可能发生的质量和安全隐患加以消除。并按要求将现场发生的有关事件及其相关处理意见如实填写在旁站监理记录上。如房建工程中的基础施工、后浇带施工、防水层施工以及大体积混凝土的施工均为关键工序或特殊工序，监理人员应就此制定专门的旁站监理细则，并以此为据进行监督管理，这样，可以将有可能在施工过程中出现的如防水层失效，后浇带质量不保证，大体积混凝土开裂等问题加以有效地控制并得到最终解决；同理，在主体结构工程施工时，要对最可能出现隐患的梁柱节点施工、混凝土浇筑施工、屋面防水施工等过程加以重点控制，制定专项的旁站监理细则并实施，充分地保证主体结构工程的施工质量。

任务七　旁站中监理员的工作及相关内容

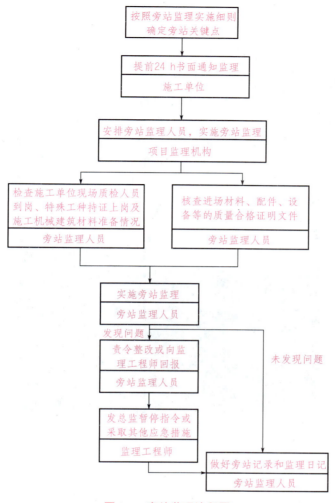

图 1-6　旁站监理流程图

三、加强对旁站监理人员的技术交底和素质培训

旁站监理人员是监理单位直接面向施工现场的第一线人员，他们既要有扎实的理论基础，能在现场发现问题、解决问题，又要有良好的思想品德和职业道德，有吃苦耐劳的精神，能在条件较差的施工现场克服困难，任劳任怨，做好自己的本职工作。同时，由于旁站过程中会遇见很多复杂问题需要处理，可能会要求施工单位返工，而施工单位为了自己的利益又不愿过多的返工，掌握好协调解决矛盾的尺度也是监理人员工作水平的体现。因此，在旁站实施前，由专业监理工程师落实对旁站监理人员进行技术交底，对可能遇见的关键性问题提早商定解决方法，同时，也要加强旁站监理人员的职业道德教育，以确保现场有一班精明能干、技术全面、廉洁奉公的监理人员。

四、旁站监理要抓重点

施工过程中遇见的情况十分复杂，问题也较多，在实施旁站监理时必须抓住重点和主要矛盾，要针对具体的内容采取具体的措施来进行有效的控制管理。如对地下水较丰富的地区，重点要对防排水施工加以控制，要针对地下水丰富的特点编制出控制方案，安排专人对防水混凝土的质量进行检验和控制，派专人对防水材料取样送检，材料必须检验合格，达到规范的要求方能使用。另外，要取现场的防水层实体样品送检，必须达到相关的规范要求，以检验现场的实际施工工艺，以确保工程的施工质量，如图1-7所示。

图1-7 混凝土浇筑现场

五、工程实例（以混凝土浇筑为例）

旁站过程中要对以下内容做好记录：
(1)天气：晴、雨、气温（平均气温）。
(2)部位或工序：平面位置（轴线区间）、楼层（或标高）。
构件名称：基础、柱、剪力墙、梁、板等。
(3)施工情况。
1)混凝土强度等级、浇筑混凝土量（立方米）。
2)混凝土供应方式：商品混凝土（或现场搅拌混凝土）。
3)使用机械设备情况：混凝土泵、振动棒等数量、机械型号等。
4)劳动力投入情况。
(4)监理情况。
1)检查混凝土配合比通知单及送料单。
2)检查记录现场质检员或值班人员。
3)检查浇捣方法是否符合施工方案要求，浇捣质量良好。
4)观察浇捣过程中钢筋位置、模板变形等情况。

5）见证取样混凝土试块制作情况。

6）观察混凝土和易性，抽检混凝土坍落度，严禁现场加水。

7）对照混凝土配比单，严格控制现场浇筑。

8）现场搅拌时，抽查混凝土配料计量情况，记录实测水泥、砂、石、水及外加剂重量。

（5）发现问题需进行处理。

1）混凝土配合比与设计配合比严重不符。

2）发现钢筋位置偏移过大或楼面钢筋踩塌严重或某处混凝土保护层厚度控制不好。

3）发现有胀模、漏浆现象。

4）混凝土浇捣不连续，新旧混凝土连接不好；接槎处杂物未清理干净；混凝土振捣顺序不符合要求，某处漏振、过振或振捣不实。

5）流动性不符合要求。

6）不能浇筑造成混凝土泥浆流淌。

（6）处理意见。及时通知现场质检员或值班人员采取措施，整改到位；或书面通知项目部整改。

（7）施工单位当日值班人员签字。

（8）旁站记录实例见表1-18。

表1-18 旁站记录表

工程名称： 1#厂房工程　　　　　　　　　　　　　编号： A.0.6-20210405

旁站的关键部位、关键工序	晴	施工单位：八建施工	
旁站开始时间：	2021年4月5日8时00分	旁站结束时间：	2021年4月5日17时00分
旁站的关键部位、关键工序施工情况： 施工情况： 1. 施工前准备情况：准备就绪。 2. 隐蔽验收情况：自检合格。 3. 安全技术交底情况：已交底。 4. 浇筑要求：混凝土浇筑施工按要求顺序进行浇筑，振捣器采用快插慢拔、插点均匀排列。 监理情况： 1. 商品混凝土原材料及配合比：详见配合比报告单。 2. 隐蔽验收情况：经隐蔽验收确认验收符合要求。 3. 现场人员机械检查情况：机械人员均到位。 4. 抽检混凝土坍落度： 160　162　161　165　162 。 5. 混凝土强度等级 C25 ，浇筑量295 m^3，现场制作试块：标养 3 组，同条件 1 组，抗渗 1 组，拆模 1 组。			
发现问题及处理情况：检查无问题			
旁站人员（签字）： 　　　年　　　月　　　日			
注：本表一式一份，项目监理机构留存。			

想一想练一练：

1. 什么是旁站监理？什么是旁站监理方案？
2. 混凝土浇筑时的监理工作有哪些？
3. 旁站时监理对哪些问题需要进行处理？
4. 某监理员在混凝土浇筑工程的旁站中发现工人都在忙碌着，自我感觉无事可做就回办公室了。你认为他的做法正确吗？应如何处理？怎样才能做到"眼中有活"？

情景案例七

接"情景案例一"，今天是2021年10月26日，晴，气温21℃，上午8点至9点20分2号楼进行5层楼面B/12梁柱节点钢筋绑扎施工，项目监理部周强进行旁站。

旁站工作如下：

1. 按进场的批次和产品抽样。
2. 对纵向受力钢筋进行检查验收。
3. 对钢筋的连接方式、接头等进行检查验收。
4. 对横向钢筋、箍筋进行检查验收。
5. 对预埋件进行检查验收。

以上检查，均无问题。

请按以上内容填写《旁站记录表》，要求写清楚具体内容。

旁站记录表（通用）

工程名称： 编号：A.0.6-

旁站的关键部位、关键工序		施工单位	
旁站开始时间	年 月 日 时 分	旁站结束时间	年 月 日 时 分
旁站的关键部位、关键工序施工情况：			

续表

发现问题及处理情况：
旁站人员（签字）：_____ 年　月　日

注：本表一式一份，项目监理机构留存。

任务八　住宅分户验收中监理员的工作及相关内容

住宅工程质量分户验收是指住宅工程在单位工程竣工验收前，将每套住宅和公共部分的走廊（含楼梯间、电梯间）、地下车库分别划分为一个检验批，对工程观感质量和使用功能质量进行专门的验收。包括楼地面、墙面和顶棚，门窗安装，栏杆安装，防水工程，室内空间尺寸，给排水系统安装，室内电气工程安装，公共部位、共用设施和其他规定要求检查的内容。

任务目标

1. 了解住宅分户验收的条件。
2. 掌握分户验收的参加人员。
3. 掌握分户验收的内容。
4. 掌握分户验收的步骤，学会填写分户验收表。

规范依据

1.《中华人民共和国建筑法》。
2.《建设工程质量管理条例》。
3. 建筑工程施工质量验收统一标准（GB 50300—2013）
4. 建筑装饰装修工程质量验收规范（GB 50210—2001）
5.《住宅工程质量分户验收规程》。
6. 各地方建设工程质量和安全生产管理条例。

一、住宅分户验收的有关规定

1. 分户验收参加人员

建设单位项目负责人担任分户验收小组组长，监理单位总监理工程师、施工单位项目负责人担任副组长，施工单位项目技术负责人、专业工长、专业监理工程师、分包单位项目负责人、物业公司人员等为小组成员；已预售的商品住宅，应当由业主代表参加。

2. 分户验收应具备的条件

（1）工程已完成设计和合同约定的工作内容。
（2）所含分部、分项工程的质量验收均合格。
（3）工程质量控制资料完整。
（4）主要功能项目的抽查结果均符合要求。
（5）有关安全和功能的检测资料完整。

3. 住宅工程质量分户验收

应以检查工程观感质量和使用功能为主，户内验收主要检查以下内容。
（1）室内空间尺寸偏差。
（2）门窗安装质量。
（3）地面、墙面和顶棚质量。
（4）防水工程质量。
（5）栏杆安装质量。
（6）采暖系统安装质量。
（7）给排水系统安装质量。
（8）室内电气工程安装质量。
（9）其他有关规定、标准中要求分户检查的内容。
（10）有关合同中规定的其他内容。

4. 公共部位验收

（1）外墙面施工质量。
（2）楼（电）梯、通道、地下室等公用部分的安全和使用功能。
（3）建筑节能施工质量。

5. 分户验收资料

（1）分户验收方案。

(2)分户验收小组成员组成。
(3)住宅工程质量分户验收表(户内)。
(4)住宅工程质量分户验收表(公共部位)。
(5)住宅工程质量分户验收汇总表。
(6)分户验收小组发出的整改通知及责任方的整改报告等。

二、住宅分户验收步骤

(1)编排初验表格,学习一户一验的具体内容、工作方法及要求,提高查验效率,减少重复工作量。

(2)在分户验收前根据房屋情况确定检查部位和数量,并在施工图纸上注明。

(3)分户验收应根据检查内容配备相关检测工具,检测仪器应经计量鉴定合格,公正、真实记录住宅工程质量分户验收表,作为原始检查资料备案,并向业主反馈现场检查验收情况及提供有效数据。

(4)分户验收应逐户、逐间检查,做好检查记录,发现工程观感质量和使用功能不符合规范或设计文件要求的,分户验收小组书面责成施工单位整改,整改后应重新组织验收。

(5)对每天分户验收中检查出的问题进行汇总,若质量问题需整改的应告知专业监理工程师以通知单的形式发送给施工单位要求限期整改,并及时反馈给建设单位。

(6)对分户验收发现的问题整改完成情况现场进行复查,若未整改完成的应及时告知专监或项目总监,并及时反馈给业主方。

(7)分户验收合格后,应当按户出具由建设、施工、监理单位负责人签字确认的住宅工程质量分户验收表,并由建设单位在综合验收结论栏内加盖分户验收专用章。

三、工程例表

住宅工程质量分户验收表见表1-19。

表1-19 住宅工程质量分户验收表

工程名称			房(户)号	
建设单位			验收日期	
施工单位			监理单位	
序号	验收项目	主要验收内容	验收记录	
1	楼地面、墙面和顶棚	地面裂缝、空鼓、材料环保性能、墙面和顶棚爆灰。空鼓、裂缝、装饰图案、缝格、色泽、表面洁净		
2	门窗	窗台高度、渗水、门窗启闭、玻璃安装		

续表

序号	验收项目	主要验收内容	验收记录
3	栏杆	栏杆高度、间距、安装牢固、防攀爬措施	
4	防水工程	屋面渗水、厨卫间渗水、阳台地面渗水、外墙渗水	
5	室内主要空间尺寸	开间净尺寸、室内净高	
6	给排水工程	管道渗水、管道坡向、安装固定、地漏水封、给水口位置	
7	电气工程	接地、相位、控制箱配备、开关、插座位置	
8	采暖工程	采暖设备安装牢固、渗水	
9	建筑节能	保温层厚度、固定措施	
10	其他	烟道、通风道、邮政信报箱等合同约定其他内容	

分户验收结论			
建设单位（公章）	施工单位（公章）	监理单位（公章）	物业或其他单位（公章）
项目负责人： 验收人员： 年　月　日	项目经理： 验收人员： 年　月　日	总监理工程师： 验收人员： 年　月　日	项目负责人： 验收人员： 年　月　日

注：本表一式六份（建设、施工、监理、物业、户内张贴、质量保证书各一份）。

住宅工程质量分户验收汇总表见表1-20。

表1-20　住宅工程质量分户验收汇总表

工程名称		结构及层数		面积	m²
建设单位		监理单位		总户数	
施工单位		开工日期			
验收情况					
验收时间	根据《住宅工程质量分户验收规程》（DGJ32/J 103—2010）的要求，于____年____月____日—____年____月____日对本工程进行了分户验收。				
验收户数	本工程共_____户 共验收_____户 验收合格_____户 验收不合格_____户，已整改至合格_____户 不符合《住宅工程质量分户验收规程》，但不影响结构安全和使用功能_____户。				
	不符合《住宅工程质量分户验收规程》（DGJ32/J 103—2010）部分条款要求，但不影响结构安全和使用功能_____户，户号为：_____。				

续表

验收结论			
建设单位 项目负责人： （公章） 年　月　日	监理单位 总监理工程师： （公章） 年　月　日		施工单位 建造师： （公章） 年　月　日

住宅工程质量分户验收合格证见表1-21。

表1-21　住宅工程质量分户验收合格证

工程名称			楼　　　单元　　　室	
完工日期	年　　月　　日		设计使用年限	
该户已按《住宅工程质量分户验收规程》（DGJ32/J 103—2010）的要求进行验收，验收结论为　合格				
验收人员	建设单位		监理单位	
	施工单位		物业管理单位	
分户验收日期： 　　　　　　　　　　　　　　　　　　　　　　　　年　月　日（建设单位章）				
备注：				

注：1. 该合格证置于室内醒目位置。
　　2. 如存在不影响结构安全和使用功能又无法整改的缺陷，应在备注栏中说明。

想一想练一练：

1. 什么是住宅分户验收？
2. 分户验收参加人员有哪些？
3. 在满足哪些条件下可以进行分户验收？
4. 户内验收主要检查哪些内容？
5. 分户验收资料应包括哪些内容？
6. 分户验收合格后应由哪些单位签章？

情景案例八

以下是监理对世纪花园2#402进行质量分户验收的部分记录，请按照一定的顺序有条理地填写验收记录。

1. 地面无裂缝、空鼓，无露筋，客厅地面有少许起砂，卫生间地面有修补过的痕迹。
2. 楼梯栏杆牢固、垂直杆间距0.11m，梯踏步宽度0.24m、踏步高度不应大于0.180m、扶手高度0.9m。
3. 墙面无裂缝，卫生间和厨房墙面有拉毛处理。
4. 根据和图纸对照，主卧净开间2495mm，图纸相应尺寸为2500mm，书房净开间2210mm，图纸相应尺寸为2200mm，其他均与图纸相同。
5. 客厅顶面不平整，肉眼可见有修补痕迹。阴角不直。
6. 自来水放水正常，表上读数在0.6m3。
7. 通过仪器检测，所有插座火线、零线接线均正确。
8. 阳台移门有一扇关合不上，稍有变形。
9. 窗户共6扇，关合正常。
10. 入户门净口尺寸1000×2100，和要求尺寸一致。门上防护膜被撕，有多张广告"牛皮癣"。
11. 电表运行正常，目前显示读数00042。

住宅工程质量分户验收表

工程名称			房（户）号	
建设单位			验收日期	
施工单位			监理单位	
序号	验收项目	主要验收内容	验收记录	
1				
2				
3				
4				
5				
6				
7				
8				
9				
10				
分户验收结论：				
建设单位（公章）	施工单位（公章）	监理单位（公章）		物业或其他单位（公章）
项目负责人： 验收人员： 　年　月　日	项目经理： 验收人员： 　年　月　日	总监理工程师： 验收人员： 　年　月　日		项目负责人： 验收人员： 　年　月　日

注：本表一式六份（建设、施工、监理、物业、户内张贴、质量保证书各一份）

任务九　监理资料收集整理归档中监理员的工作及相关内容

监理文件的整理、归档是建设监理工作的组成部分，是项目监理部工作的重要内容。监理文件归档工作做得好坏，是考核监理部工作优劣的重要依据，也是在裁定质量、安全事故责任时的重要凭据。项目监理部必须高度重视监理文件的整理归档工作。

监理文件是指监理项目中标后，监理部进场、施工准备直至工程竣工整个监理过程所形成的文字材料、图纸、图表、影像材料等。

任务目标

1. 了解监理资料收集整理归档的重要性，在资料归档过程中树立严谨的作风。
2. 掌握监理文件及监理文件的整理、归档。
3. 掌握监理资料收集整理归档的要求。
4. 掌握监理员在监理资料收集整理归档中的重要内容。
5. 了解建设工程(监理)归档资料目录。
6. 了解资料移交单的正确填写方法。

规范依据

1.《中华人民共和国档案法》。
2. 各地方建设项目档案管理登记办法。
3.《建设工程监理规范》(GB/T 50319—2013)。
4.《建设工程文件归档规范》(GB/T 50328—2014)。
5.《建筑工程施工质量验收统一标准》(GB 50300—2013)。

任务实施

一、监理资料收集整理归档的要求

(1)文件材料记载要及时、完整、准确、真实、签字齐全，符合文件材料的形成规律和特点。

(2)文字材料要字迹清楚，不得使用圆珠笔、复写纸、铅笔、红蓝笔签字，应用签字笔签写。须签名处应用手签，不得代签或电脑打印。

(3)总监理工程师全面负责监理文件的整理、归档。总监理工程师要检查各专业监理工程师对本专业监理资料的收集、汇总及整理情况。

（4）各专业监理工程师负责本专业监理资料的收集、汇总及整理，对资料的完整性、真实性负责。

（5）监理资料要存放有序，便于检查。监理资料存放在标准档案盒中，档案盒标签按统一提供的标式印贴，监理资料按标签上的目录"对号入座"，不得随意存放。

（6）一般工程由总监指派一名兼职资料员，大、中型工程监理部设专职资料员负责监理部资料收集、整理、汇总与保管，资料员要熟悉《建设工程文件归档规范》（GB/T 50328—2014），按规范管理监理部资料。资料员要检查督促专业监理工程师及时收集监理资料。资料员每周要对监理资料汇总整理一次，对不符合要求的资料有权要求监理工程师返工。

（7）监理文件在工程竣工后的一个月内，总监理工程师组织监理部相关人员进行最终整理检查，确定监理文件完整无误后按监理公司规定的《建设工程（监理）归档资料目录》报工程部审查，经工程部审查认定合格后按程序交档案室保管。

二、监理员在监理资料收集整理归档中的工作内容

（1）明确资料收集的范围。在开工初期，必须督促施工单位报审其施工人员资质、设备检定报告、施工组织设计、开工报审等，及时交总监理工程师审核确认，之后整理汇集。

（2）及时收集、整理变更、报审的资料等。工程施工的逐步进展中，从由建设单位提出的工程变更、技术核定等到由施工单位上报的工程报验、材料报审、各种材料的准用证及检测报告等，都应及时收集、整理。

对施工单位报审的资料，经过监理工程师审核签字，作为监理员也应该认真检查其内容是否符合相关的要求。材料进场时应做好见证取样登记台账、材料进出场台账的工作，准确核对质保资料与实物是否相符，有无违反有关规定的材料。

对于各方往来的文件做好收发文件登记，对工程变更、技术核定等涉及工程施工的资料必须及时传递给每一位相关的监理人员，使他们及时了解工程的变更。

在工程施工过程中，要协助现场监理工程师做好监理工作联系单、监理工程师通知单的工作。随着工程主体结构临近竣工，各种分包工作随之进入，如塑钢门窗、外墙涂料、屋面防水、油漆等装饰工程，这时除了继续督促施工单位搞好工程报验、材料报验的工作，还要督促总包方对分包单位的相关资料的报审，包括审核分包单位资质、人员岗位证书、材料的质保资料等。在工程施工过程中，监理员要负责对每次的工程例会做好记录，以便归档。资料日渐增多，还应该按监理单位的档案管理要求对工程资料进行编号归档分类。

（3）装饰工程临近结束时，工程验收准备前监理员要协助现场监理做好各装饰分项工程的实测实量工作，并将有关数据做好记录。将开工以来所有资料全部整理起来，协助监理工程师编写工程竣工报告，准备验收。当验收完毕，监理员除整理所有资料外，还要协助现场监理督促施工单位对工程中存在的问题进行整改。

（4）与现场施工相辅相成。监理员不单只是收集和整理资料，还应该了解现场施工情

况、材料进场情况，这样，才能督促施工单位及时做好隐蔽工程报验、建筑材料报审及材料的取样送样工作。同时，作为监理员也应熟悉相关的施工工艺及施工规范，才能配合好资料的工作。

三、建设工程(监理)归档资料目录(部分)

1. 工程前期及准备阶段资料

(1)工程立项批文。
(2)土地使用证或划拨建设用地文件。
(3)建设工程规划许可证及其附件。
(4)工程建设项目施工许可证。
(5)规划红线图。
(6)工程地质勘查报告。
(7)监理合同及中标通知书。
(8)施工合同(含分包合同)。
(9)材料、设备供货合同。

2. 工程现场监理资料

(1)总监任命书、总监代表委托书及总监变更相关手续。
(2)监理规划。
(3)监理实施细则。
(4)监理月报。
(5)监理日志。
(6)监理旁站记录。
(7)监理工程师联系单。
(8)监理工程师通知单及回复单。
(9)监理工程师备忘录。
(10)工程开工、复工审批表。
(11)监理工程师暂停令及回复单。
(12)图纸审查意见书。
(13)图纸会审记录。
(14)工程设计变更通知。
(15)会议纪要。
(16)工程沉降观测报告。
(17)业主、设计、施工单位致函。
(18)质监部门检查记录。
(19)质量事故报告及处理记录。
(20)施工组织设计方案。

3. 工程验收资料

（1）基础、主体等主要分部工程验收记录（原件）及专项验收报告（人防、消防、环保等）。

（2）工程竣工预验收质量评估报告。

（3）单位工程竣工验收报告或证明书（原件）。

（4）监理工作总结。

四、移交单（监理单位向建设单位移交）

工程监理资料移交单见表1-22。

表1-22 工程监理资料移交单

工程名称：＿＿＿＿＿＿　　　　　　　　　　　　　　　　　　　编号：＿＿＿＿＿

致：＿＿＿＿＿＿＿＿（建设单位） 我方现将＿＿＿＿＿＿＿＿工程监理资料移交给贵方，请予以审查、接收。 附件： 1. 工程监理资料清单 2. 工程监理资料整理归档文件 项目监理机构（章）：＿＿＿＿＿＿＿＿＿ 总监理工程师/总监理工程师代表（签字）：＿＿＿＿＿＿ ＿＿＿年＿＿＿月＿＿＿日			
建设单位签收人姓名及时间		项目监理机构签收人姓名及时间	
建设单位意见： 建设单位（章）：＿＿＿＿＿＿＿＿ 负责人（签字）：＿＿＿＿＿＿ ＿＿＿年＿＿＿月＿＿＿日			

注：本表一式二份，项目监理机构建设单位各一份。

> **想一想练一练：**
> 1. 什么是监理文件？什么是监理文件的整理、归档？
> 2. 监理资料收集整理归档中有哪些要求？
> 3. 简述监理员在监理资料收集整理归档中的重要内容。
> 4. 试列举建设工程（监理）归档资料目录。
> 5. 资料移交单移交的对象是哪些单位？

任务九 监理资料收集整理归档中监理员的工作及相关内容

情景案例九

接"情景案例一",2022年1月31日项目竣工验收完成,项目监理部周强于2月8日填写《工程监理资料移交单》,并将任务一~任务九的工作页汇总装订成册,移交给建设单位张甲,张甲2月10日审核签署返还。

工程监理资料移交单

工程名称:_____   编号:A.0.17-

致:_____(建设单位)
我方现将工程监理资料移交给贵方,请予以审查、接收。
附件:
1. 工程监理资料清单
2. 工程监理资料整理归档文件
项目监理机构(章):_____
总监理工程师/总监理工程师代表(签字):_____
年 月 日

建设单位签收人姓名及时间		项目监理机构签收人姓名及时间	
建设单位意见:			
		建设单位(章):_____	
		项目负责人(签字):_____	
			年 月 日

注:本表一式二份,项目监理机构、建设单位各一份。

项目二 基础工程中的监理员工作

任务一 桩基础工程监理员的工作及相关内容

基础工程是指采用工程措施，改变或改善基础的天然条件，使之符合设计要求的工程。基础工程主要包括土（石）方工程、桩基础工程、支护工程等。俗语"万丈高楼平地起"、"九层之台，起于垒土；千里之行，始于足下。"告诉我们基础对于建筑的重要性。桩基础工程施工现场，如图2-1、图2-2所示。

图2-1 灌注桩施工现场

图2-2 预制桩施工现场

任务目标

1. 了解桩基础施工监理的依据。
2. 掌握桩基础验收应包括的资料。
3. 掌握桩基工程事前控制的监理工作。
4. 了解预制桩、灌注桩施工过程中出现的问题及学会分析其原因,找到解决问题的办法。

规范依据

1. 图纸会审记录。
2. 已批准的监理规划。
3. 施工合同及监理合同。
4. 已审批的施工组织方案。
5.《中华人民共和国建筑法》。
6.《建设工程质量管理条例》。
7. 基础工程相关设计文件、设计图纸、技术资料等。
8.《建筑工程施工质量验收统一标准》(GB 50300—2013)。
9.《建筑地基基础工程施工质量验收规范》(GB 50202—2002)。

任务实施

一、知识准备

1. 桩基础工程分项

桩基础根据其在土中受力情况不同,可分为端承桩和摩擦桩。按施工方法的不同,桩身可分为预制桩和灌注桩两大类。

根据地基复杂程度,建筑物规模和功能特征以及由于地基问题可能造成建筑物破坏或影响正常使用的程度分三个等级,见表2-1。

表2-1 地基基础设计等级[《建筑地基基础设计规范》(GB 50007—2011)]

设计等级	建筑和地基类型
甲级	重要的工业与民用建筑物; 30层以上的高层建筑; 体型复杂,层数相差超过10层的高低层连成一体建筑物; 大面积的多层地下建筑物(如地下车库、商场、运动场等); 对地基变形有特殊要求的建筑物; 复杂地质条件下的坡上建筑物(包括高边坡); 对原有工程影响较大的新建建筑物; 场地和地基条件复杂的一般建筑物; 位于复杂地质条件及软土地区的二层及二层以上地下室的基坑工程; 开挖深度大于15 m的基坑工程; 周边环境条件复杂、环境保护要求高的基坑工程

续表

设计等级	建筑和地基类型
乙级	除甲级、丙级以外的工业与民用建筑物； 除甲级、丙级以外的基坑工程
丙级	场地和地基条件简单、荷载分布均匀的七层及七层以下民用建筑及一般工业建筑；次要的轻型建筑物； 非软土地区且场地地质条件简单、基坑周边环境条件简单、环境保护要求不高且开挖深度小于5.0 m 的基坑工程

2. 桩基础验收应包括的资料

（1）工程地质勘查报告、桩基施工图、图纸会审纪要、设计变更单及材料代用通知单等。
（2）经审定的施工组织设计、施工方案及执行中的变更情况。
（3）桩位测量放线图，包括工程桩位复核鉴证单。
（4）成桩质量检查报告。
（5）单桩承载力检测报告。
（6）基坑挖至设计标高的基桩竣工平面图及桩顶标高图。

3. 监理工作流程

（1）预制桩监理工作流程，如图 2-3 所示。

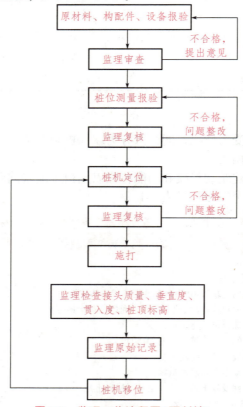

图 2-3　监理工作流程图（预制桩）

（2）灌注桩监理工作流程，如图2-4所示。

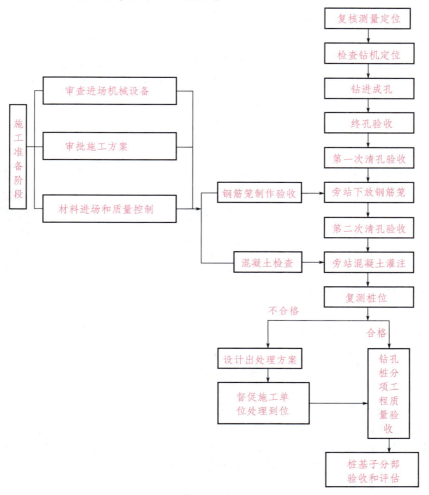

图2-4 监理工作流程图(灌注桩)

二、事前控制中的监理工作

（1）桩基工程施工前必须完成以下工作。
1）组织图纸会审、技术交底；审查施工方案。
2）审查施工方的质量、安全保证体系、管理制度和企业资质及管理人员的资质。
3）审查施工方各项施工准备情况，如材料、设备进场情况等。
4）对试验单位的资质进行审查。
5）对特殊的作业、工序、检验和试验人员的资质要进行审查。
（2）桩基工程具备开工条件后，其施工过程中监理人员严格采用"先审核后实施、先验收后施工(下一道工序)"的原则进行施工管理。

三、事中及事后控制中的监理工作

桩基工程监理工作采取全过程旁站监理,发现施工单位有违反施工规范操作规程的,立即指出并要求其整改,直至符合要求,较严重的应出具书面的整改通知书,并要求书面回复。

1. 预制桩(以静力压桩为例)

(1)质量控制点。

1)桩位测放点。桩位测放是容易出错的一道工序,为此由监理人员跟踪检查。

2)桩顶标高。在实际工作中,桩顶标高由监理人员用水准仪按30%抽测。

预制桩—静力压桩

3)桩位偏差与垂直度。为确保桩位偏差在规范允许范围内,要求配足配重,保持桩机平稳,严格对准桩位。采用垂球在两个方向上调直桩身,确保桩的垂直度。桩位偏差应符合规范规定。

(2)工程质量预控。

1)研究工程地质勘查报告、桩位平面布置图、桩基结构施工图,弄清楚设计要求,对静力压桩工程进行预测分析。

2)审核承包单位的静力压桩施工技术方案。

3)审查承包单位申报和进场的材料质量证明资料。

4)考察静力压桩机械设备的状况(生产能力、生产质量、管理水平等)。

5)监督承包单位认真做好试桩,审核签认试桩纪要。试桩时建设单位、设计单位、勘察单位、监理单位及承包单位相关人员均应到场;同时,邀请质量监督部门进行监督;试桩时必须有专职记录员做好施工记录,施工记录包括预制桩的入土深度,最终压力表读数等一系列数据,并整理成书面资料以作为正式压桩时的标准参数;建设单位、设计单位、勘察单位、监理单位、承包单位均需在试桩记录上签字认可。根据实际情况修改工艺操作,保证施工质量。

(3)施工工程控制。

1)桩基施工时加强旁站工作。

2)及时签发监理通知书、监理备忘录和停工令。对出现的质量问题、事故苗头,经现场口头批示未采取措施或措施不力的以及未经监理质量签证即擅自进入下道工序的,监理工程师可发给书面通知书,限期无条件整改。必要时,发监理备忘录。对施工中存在严重弄虚作假情况或对已有质量问题未能采取有力措施控制的,可以报请总监理工程师下达停工令。对错误没有足够认识,对质量问题没有有效措施的,不得复工。

3)现场检查。量测桩位误差;量测桩长;桩顶标商等。

所有的量测结果均应与相应施工质量验收标准进行对比,最大偏差不得大于施工质量验收标准中允许偏差的1.5倍,并进行记录。

(4)进度控制。

1)依据施工合同对施工组织设计工期安排进行审核。

2)按照施工组织设计的总工期计划安排,审核工程项目的主要材料、构配件、设备采购及进场计划,审核现场劳动力调配计划;审核冬、雨期气候影响采取的措施;审核施工资源调配计划等。

3)审核月进度计划,根据实际进度及材料、气候影响因素等,随时要求施工单位调整人员、设备、材料等,合理安排,保证按期完成施工任务。

(5)投资控制。以工程质量合格作为工程款支付的必要条件;对申报的进度完成量按实审核;准确计量现场工程签证。

(6)监理工作的其他措施。

1)对进场管桩,均要按规定进行抽样检查,设备、构配件进场应有合格证。

2)各分项工程施工中,监理采取平行检验方法,抽检的频率不低于30%。

3)对有旁站要求的分项施工监理进行旁站,旁站过程中出现意外及质量问题,应及时要求施工方整改。其质量问题及采取的措施及效果均应有详细记录。

4)及时收集影响工期进行的动态信息反馈,不断协调施工进度计划的修改,争取工期按时完成。

5)工程施工必须在保证施工质量的前提下,充分考虑工期因素,采取可行的措施缩短工期,合理降低工程造价。

6)对施工中出现的工程变更,监理人员必须核实,严格审签。及时分析设计变更对控制投资的影响,并将情况向建设方汇报。

7)熟悉合同内容,加强合同管理,规避施工方的索赔条件形成,控制工程索赔的发生和准确计价。

8)对工程施工过程中投资支出做好台账,及时分析与预测。加强施工生产安全的巡视工作,做好详细记录,对检查存在的问题要及时要求施工方整改,并监督落实整改情况。

9)事后质量控制检查主要包括桩身完整性检测、承载力试验和桩位的桩顶高程偏差检查、资料整理。

10)组织各方对桩基工程进行验收,签认《打桩工程交工验收记录》《桩基分项工程质量验收备案表》。本分项工程经验收合格后,建设各方及时签署《打桩工程交工验收记录》《桩基分项工程质量验收备案表》,报送工程质量监督站备案。

(7)常见质量问题现象,原因分析与预防措施。

1)桩身断裂。

①现象:桩在沉入过程中,桩身突然倾斜错位,当桩尖处土质条件没有特殊变化而贯入度突然增大,施压油缸的油压显示突然下降引起机台拌动,这时可能是桩身发生断裂。

预制桩—锤击沉桩

②原因:

a. 桩制作时,桩身弯曲超过规定,桩尖偏离桩的纵轴线较大,沉入过程中桩身发生倾斜或弯曲。

b. 桩入土后遇到大块坚硬的障碍物把桩尖挤向一侧。

c. 沉桩不垂直,压入地下一定深度后,再用走架方法校正,使桩身产生了弯曲。

d. 两节桩或多节桩施工时,相接的两节桩不在同一轴线上产生了曲折。

e. 制作桩的混凝土强度不够,桩在堆放、吊运过程中产生裂纹或断裂未被发现。

③预防措施:

a. 施工前应对桩位下的障碍物清理干净,必要时对每个桩位用钎探了解,对桩构件要进行检查,发现桩身弯曲超过规定($L/1\,000$,且$\leqslant 20$ mm)或桩尖不在桩纵横轴线上的不应使用。

　　b. 在沉桩过程中如发现桩不垂直应及时纠正,桩压入一定深度发生严重倾斜时,不宜采用移架方法来校正,接桩时要保证上下两节桩在同一轴线上,接头处应严格按照操作要求执行。

　　c. 在堆放、吊运过程中应严格按照有关规定执行,发现桩开裂超过验收规定时不得使用。

2)桩顶掉角。

①现象:在沉桩过程中,桩顶出现掉角。

②原因:

　　a. 预制的混凝土配比不良,施工控制不严,振捣不密实或养护时间短,养护措施不足。

　　b. 桩顶面不平,桩顶平面与桩轴线不垂直,桩顶保护层过厚。

　　c. 桩顶与桩帽的接触不平,桩沉入时不垂直,使桩顶面倾斜,造成桩顶面局部受集中应力而掉角。

　　d. 沉桩时,桩顶衬垫已损坏未及时更换。

③预防措施:

　　a. 桩制作时,要振捣密实,桩顶的加密箍筋要保证位置准确,桩成型后严格加强养护。

　　b. 沉降前应对桩构件进行检查,检查桩顶有无凹凸现象,桩顶面是否垂直于轴线,桩尖有否偏斜,对不符合规范要求的桩不宜使用,或经过修补等处理后才能使用。

　　c. 检查桩帽与桩的接触面处是否平整,如不平整应进行处理才能施工。

　　d. 施压时桩要垂直,桩顶要有补垫,如衬垫失效或不符合要求时要更换。

3)沉桩达不到设计要求。

①现象:当桩达不到设计桩长时,终压力还不能满足要求。

②原因分析:

　　a. 勘探点不够或勘探资料粗略,对工程地质情况不明,尤其是对持力层起伏标高不明,致使设计考虑持力层或选择桩长有误。

　　b. 勘探工作是以点带面对局部硬夹层不能全部了解清楚,尤其在复杂的工作地质条件下还有障碍物,如大块石、混凝土块等,压桩施工遇到这种情况就会达不到设计的施工控制标准。

③预防措施:

　　a. 详细探明工程地质情况,必要时应做补勘,正确选择持力层或标高。

　　b. 根据工程地质条件,合理地选择施工方法及压桩顺序。

4)桩顶移位。

①现象:在沉桩过程中,相邻的桩产生横向位移或桩身上落。

②原因:

　　a. 桩入土后遇到大块坚硬障碍物,把桩身尖挤向一侧。

　　b. 两节桩或多节桩施工时,相邻的两桩不在同一直线上,产生了曲折。

③预防措施:

　　a. 施工前应对桩位下的障碍物清理干净,必要时对每个桩位钎探了解,对桩构件要进行检查,发现桩身弯曲超过规定($L/1\,000$且$\leqslant 20$ mm)或桩尖不在桩纵横线上的不宜使用。

b. 在沉桩过程中，如发现桩不垂直应及时纠正，接桩保证上下两节桩在同一轴线上，接头处应严格按照操作要求执行。

c. 在沉桩期间不得开挖基础，需要开挖时沉桩完毕后相隔适当时间进行，根据工程的具体地质情况，基坑开挖深度、面积、桩的密集程度及孔隙水压力消散情况估计为两周左右。

5) 接桩处开裂。

①现象：接桩处经施工后出现松脱开裂。

②原因：

a. 连接处表面没有清理干净，留有杂质、雨水、油迹等。

b. 焊接连接时，连接体不平，有较大的间隙造成焊接不牢。

c. 焊接质量不好，焊接不连续、不饱满，焊缝中夹渣等。

d. 两节桩不在同一直线上，在接桩处产生曲折，压入时接桩处局部产生集中应力而破坏连接。

③预防措施：

a. 接桩前，对连接部位上的杂质、油污、水分等必须清理干净，保证连接部位清洁。

b. 检查连接部件是否牢固、平整和符合设计要求，如有问题必须进行修正才能使用。

c. 接桩时，两节桩应在同一轴线上，焊接预埋件应平整服帖，焊接应连续饱满。

(8) 检查评定。

1) 检查数量必须满足规范规定。

2) 外观应表面平整，颜色均匀，掉角深度<100 mm，蜂窝面积小于总面积0.5%。

3) 强度符合设计要求。

4) 外形尺寸符合有关规范规定。

2. 灌注桩

(1) 商品混凝土。商品混凝土随车必须带级配设计单、质量合格证，现场抽查商品混凝土坍落度及配合比，防止不合格商品混凝土用于工程上。现场见证混凝土试块、钢筋试件制作，确保试验结果真实可靠。

(2) 过程控制。

1) 施工中，每根桩开钻前均由施工单位填写开孔通知单，经现场监理人员审核后方能开钻，开孔通知单应明确桩号、桩机型号、设计桩底标高、孔径，根据地质报告剖面图事先测算钢筋笼的长度、吊筋长度及桩顶标高等主要技术指标。

机械成孔灌注桩

2) 护筒埋设：桩位按设计图纸定位复核后，埋设护筒，护筒内径应大于钻头直径且大于100 mm 以上。护筒位置应埋设正确且稳定，护筒与坑壁之间应用黏土填实，护筒中心与桩位中心线偏差不得大于50 mm，护筒埋设深度不宜小于1 m，护筒直径对角量测，并记录护筒高度。

3) 钻进成孔。

①钻机就位：保证钻机垂直度，现场监理应复核桩位，要求施工方在护筒上拉十字线定出桩位中心，护筒中心应与桩位中心重合，两者偏差不应大于50 mm，桩机钻头对准桩位中心，偏差应小于15 mm。

②钻进成孔：要求按不同地质情况，严格控制钻孔进尺，及时调配泥浆的质量，施工

时保证护筒内泥浆液面高出地下水位以上 1 m 防止塌孔，如实填写原始记录。

③终孔：测出持力层界面等高线，确保孔深进入持力层并符合设计要求，施工单位用测绳进行测量，并通知监理按混凝土灌注通知单进行验收、签证，未经签证不得进行下一道工序。

④清孔：施工单位在自检合格后，通知监理进行清孔验收签证，孔底沉渣厚度≤50 mm。

⑤泥浆：泥浆测试应选在距孔底 20~50 cm 处，18~28 s，含砂率≤8%，原土造浆的钻孔排出泥浆的相对密度降到 1.1 左右，清孔为合格。注入制备泥浆的钻孔，采用换浆法清孔，换出泥浆比重≤1.15~1.25 为合格，根据不同情况现场调整。

⑥钢筋笼制作及安放：检查钢筋笼制作质量，包括材料质量，各种钢筋的规格、数量、间距、长度、焊接情况、接头位置、定位混凝土块等，检查应在施工单位自检合格的基础上进行。

钢筋笼下放，钢筋笼焊接后，现场监理员应对焊接长度、焊接质量、接头位置进行检查，钢筋笼需经监理隐检签证后方可下放。如发现由于钻孔原因使钢筋笼难以下放时，不允许强行下笼，需提笼后重新扫孔。

⑦浇筑水下混凝土。

a. 施工单位提供混凝土级配单，按规定每孔制作一组试块。混凝土坍落度一般应控制在 180 mm~220 mm，每班检查不少于 2 次。

b. 灌注水下混凝土用导管，在使用前应进行试拼、试压，不得漏水，并编号自下而上标示惊讶尺度。试压压力值宜等于孔底静水压力的 1.5 倍。

c. 检查料斗的容量，确保开罐混凝土应保证混凝土的初灌量（根据桩径），随时注意混凝土质量，发现异常立即检查，防止不合格混凝土倒入影响桩身质量，保证导管在混凝土内的埋深大于 1 m。

d. 检查钢筋笼固定措施，避免钢筋笼上浮。

e. 注意成孔与浇筑混凝土中间停顿时间控制在试桩时确定的时间范围内。

f. 旁站试块制作过程并严格进行标识。

g. 做好交接手续，记录好监理日志。

详细记录施工过程检测结果，上道工序未经验收合格的不准进行下道工序施工，交接时口头和日志交代清楚。

旁站人员在施工现场发现问题及时处理，并督促施工单位整改，工序质量检验应及时，尤其是关键环节，不允许脱岗。

（3）质量通病控制（以灌注桩为例）。

1）孔壁坍塌（表2-2）。

表2-2 孔壁坍塌原因分析及处理方法

孔壁坍塌图例	原因分析	控制和处理方法
	提升、下落和放钢筋骨架时碰撞孔壁；护筒周围未黏土填封密实，漏水或埋置太浅；未及时向孔内加清水或泥浆，孔内泥浆面低于孔外水位，或泥浆密度偏低；遇流砂、软淤泥等地层；在松软砂层钻进时，进尺太快	提升、下落和放钢筋时，保持垂直上下，避免碰撞孔壁；清孔之后，立即浇筑混凝土，轻度坍孔时，加大泥浆密度和提高水位；严重坍孔时，用黏土、泥膏投入，待孔壁稳定后采用低速重新钻进

2）桩孔倾斜（表 2-3）。

表 2-3　桩孔倾斜原因分析及处理方法

桩孔倾斜图例	原因分析	控制和处理方法
	桩架不稳，钻杆导架不垂直，钻机磨损，部件松动，钻头形状不对称。土层软硬不匀，埋有挡头石等	将桩架重新安装牢固，对导架进行水平和垂直校正，检修钻孔设备。如有挡头石，宜用钻机钻透，偏斜过大时，填入石子黏土，重新钻进，控制钻速，慢速提升下降往复扫孔纠正

3）堵管（表 2-4）。

表 2-4　堵管原因分析及处理方法

堵管图例	原因分析	控制和处理方法
	制作的隔水塞不符合要求，在导管内落不下去或直径过小，长度不够，使隔水塞在管内翻转卡住，隔水塞遇物卡住，或导管连接不直，变形而使隔水塞卡住；混凝土坍落度过小，流动性差，夹有大块石头，或混凝土搅拌质量不符合要求，严重离析；导管漏水，混凝土被水浸稀释，粗骨料和水泥砂浆分离；灌注时间过长，表层混凝土失去流动性	隔水塞卡管，当深度不大时，可用长杆冲捣；或在可能的情况下，反复提升导管进行振冲；如不能清除则提起和拆开导管，取出卡管的隔水塞；检查导管连接部位和变形情况，重新组装导管入孔，安放合格的隔水塞；不合格混凝土造成的堵管，可通过反复提升漏斗导管来消除

4）导管漏水（表 2-5）。

表 2-5　导管漏水原因分析及处理方法

导管漏水图例	原因分析	控制和处理方法
	连接部位垫圈挤出、损坏；法兰螺丝松紧不一，初灌量不足，未达到最小埋管高度，冲洗液从导管底口侵入；连续灌注时，未将管内空气排净，形成高压气囊，将密封圈挤破，导管提升过快，冲洗液随浮浆请入管内	如从导管连接处和底口掺入，漏水量不大时，可集中数量较多，坍落度相对较小的混凝土一次灌入渗漏部位，以封住底口；漏水严重时应提起导管更换密封垫圈，重新均匀上紧法兰螺丝，准备足量的混凝土，清除干净后灌注

5) 断桩(表2-6)。

表2-6 断桩原因分析及处理方法

断桩图例	原因分析	控制和处理方法
	灌注时导管提升过高，以致低部脱离混凝土层出现堵管，而未能及时排除；灌注作业因故中断过久，表层混凝土失去流动性，而继续灌注的混凝土顶破表层而上升，将有浮浆泥渣的表层覆盖包裹，形成断桩	灌注前应对各个作业环节和岗位进行认真检查，制订有效的预防措施；灌注中，严格遵守操作规程，反复探测混凝土表面，正确控制导管的提升，控制混凝土灌注时间在适当范围内

6) 吊脚桩(表2-7)。

表2-7 吊脚桩原因分析及处理方法

吊脚桩图例	原因分析	控制和处理方法
	清空后泥浆密度过小，孔壁坍塌或孔底涌进泥沙，或未立即灌注混凝土，清淤干净，积淤过厚，吊放钢筋骨架、导管等物碰撞孔壁，使泥土坍落孔底	做好清孔工作，达到要求后立即灌注混凝土，注意泥浆浓度和使孔内水位经常高于孔外水位，保持孔壁稳定不坍塌，采用埋管压浆法，清除桩底淤泥，提高单桩承载力

7) 钢筋笼错位(表2-8)。

表2-8 钢筋笼错位原因分析及处理方法

钢筋笼错位图例	原因分析	控制和处理方法
	由于钢筋笼下放时操作不慎，孔内未将钢筋笼固定，或下导管时挂住钢筋笼，使其跟着下落钢筋笼上窜，多发生在开始灌注阶段，当首批混凝土灌注入孔内时，产生向上的冲力，如果钢筋笼未在孔口固定，则会上窜；在灌注过程中，当发生操作不慎，提升导管时，也可能将钢筋笼挂起。钢筋笼在孔口焊接时，未上下对正；保护垫块数量不足；或桩孔超经严重，都会造成钢筋偏离孔中，靠向孔壁	预防钢筋笼错位的关键是要严格细致的下好钢筋笼，并将其牢固的绑扎或点焊于孔口；钢筋笼入孔后，检查其是否处在桩孔中心，下放导管时应避免挂带钢筋笼下落，保护垫块数量要足，更不允许漏放

(4)检查评定。

1)保证项目。

①原材料和混凝土强度必须符合设计要求和施工规范的规定。

②成孔深度符合设计要求,沉渣厚度≤50 mm。

③充盈系数≥1.15(保证混凝土浇筑量大于每立方米混凝土计算体积),参数由试桩时确定。

2)允许偏差项目。

①钢筋笼偏差:主筋间距±10 mm,桩直径±10 mm。

②钻孔灌注桩桩位偏差:垂直方向$D/6$,平行方向$D/4$。

(5)必须签证、收集整理的技术资料。

1)原材料或构配件的合格证、试验报告。

2)桩位放样图。

3)钢筋隐检单。

4)试打桩记录、打桩记录。

5)分项检验评定表。

6)混凝土试块抗压强度试验报告,混凝土强度等级统计。

7)工程变更联系单。

8)桩基竣工平面图及说明。

9)动测、静载测试报告。

10)桩基竣工验收记录。

11)监理小结。

想一想练一练:

1. 桩基础施工监理的依据有哪些?
2. 桩基础验收应包括哪些资料?
3. 预制桩施工中监理主要检查哪些项目?不合格时如何处理?
4. 桩基工程施工前必须完成哪些工作?
5. 对于出现的质量问题、事故前兆,经现场口头批示未采取措施或措施不力的以及未经监理质量签证即擅自进入下道工序的,现场监理应如何处理?
6. 简述预制桩桩身断裂的原因。
7. 简述预制桩桩顶掉角的原因。
8. 简述预制桩沉桩达不到设计要求的原因。
9. 简述预制桩接桩处开裂的原因。
10. 钻孔灌注桩开孔通知单应包含哪些主要技术指标?
11. 简述灌注桩中孔壁坍塌的原因及处理方法。
12. 简述灌注桩中桩孔倾斜的原因及处理方法。
13. 简述灌注桩中断桩的原因及处理方法。
14. 简述灌注桩中吊脚桩的原因及处理方法。
15. 灌注桩必须签证、收集整理的技术资料有哪些?

项 目 二　基础工程中的监理员工作

任务二　土方工程监理员的工作及相关内容

任务目标

1. 了解土方工程监理的依据。
2. 熟悉土方工程中材料质量、进度、投资、安全文明等方面的控制内容。
3. 熟悉土方工程监理的准备工作。
4. 掌握事中控制的主要内容。
5. 掌握土方工程完工后，承包商向监理提供的资料文件名称。

规范依据

1. 岩土工程勘察报告。
2. 《中华人民共和国建筑法》。
3. 《建设工程质量管理条例》。
4. 建设工程委托监理合同。
5. 设计修改和设计变更文件。
6. 审批通过的施工组织设计或方案。
7. 设计图纸交底和设计图纸会审纪要。
8. 工程施工图纸技术说明及设计交底。
9. 建设单位与施工单位签订的施工合同或协议。
10. 《建设工程监理规范》(GB/T 50319—2013)。
11. 《建筑基坑支护技术规程》(JGJ 120—2012)。
12. 《建筑工程施工质量验收统一标准》(GB 50300—2013)。
13. 《建筑地基基础工程施工质量验收规范》(GB 50202—2018)。

任务实施

一、监理工作流程

土方工程监理工作包括质量控制、进度控制、投资控制、安全文明施工等的监理。

1. 质量控制方面

（1）材料进场控制。

①进场工程材料→②审核质量保证文件→③现场外观检查→④见证取样（复试：不合格监督其退出现场，另选合格材料进场，重复②~④步骤）→⑤施工单位使用。

（2）土方开挖、回填控制。

1）土方开挖：检查定位放线、排水降水系统→检查分区分层开挖顺序的合理性→检查每层开挖情况及运土情况→基坑（槽）验收。

2）土方回填：检查回填前基底→验收基底标高→验收填方土料→检查施工中排水措施，每层填筑厚度、含水量、压实程序→填方结束后，验收标高、边坡坡度、填实程度。

2. 进度控制方面

根据施工合同要求，制定工程进度目标→审查施工单位工程进度计划→监督工程进度计划实施→过程中检查工程实际进度（如有偏差，分析原因，采取纠偏措施）→实现工程进度目标。

3. 投资控制方面

基坑支护、降水、土方工程项目计划投资额（目标值）→实施中投资实际值与计划值比较（如有偏差，分析原因，采取纠错措施）→实现计划目标值。

4. 安全文明施工方面

监督施工单位建立以项目经理为首分级负责的综合管理保证体系→控制施工人员的不安全行为→控制物的不安全状态→作业环境的防护→树立文明施工形象。

二、事前控制中的监理工作

（1）收集、熟悉工程建设有关的规定及各种报表文件。

（2）熟悉设计文件，了解开挖的范围、方法及预留人工开挖土的厚度等技术要求。

（3）熟悉地质资料和物探资料，并对现场的地下物质情况进行详细的了解。

钢板桩

（4）建立监理工作的各项制度，使监理工作程序化、标准化、规范化。

（5）组织设计单位向承包商进行设计交底，邀请业主、设计、总包商、支护分承包商、质检站进行审查。

（6）督促承包商编制预留回填土实施方案，对预留回填土的数量和位置及保护措施邀请业主、设计方共同审查。

（7）要求承包商对进场的施工机械、设备进行报验，检查其是否符合施工组织设计的要求，是否齐全、配套、完好，是否有设备维护保养计划，检查机械操作人员是否持证上岗。

(8) 检查承包商采购的原材料及商品混凝土是否满足设计要求，是否有出厂合格证、生产许可证、试验单，并按工程建材取样送检的规定办理取样送检，合格后方能使用。

(9) 检查场地道路硬化、临时工程修建、障碍物拆除、管线改移、施工场地围挡等工作。

(10) 检查承包商是否做好基坑面的地面硬化与排水沟、挡水墙等工作，开挖施工前必须将地面水疏排，严禁流入基坑。

(11) 检查承包商的基坑变形监测方案及其监测桩点埋设、保护及初始数据准备情况。

三、事中及事后控制中的监理工作

1. 总体要求

(1) 采用巡视检查、平行检验、现场见证、旁站监理的方法对降水、土方工程的材料、施工过程进行全方位控制。

(2) 严格检查验收程序，每完成一道工序。按"施工单位自检→总包复查→监理检查验收"的程序进行，未经检查验收或检查验收不合格者，不准进行下一道工序。

(3) 监理指令：对施工中出现的影响质量的行为，施工中出现的质量通病，监理以口头通知、旁站其整改，或以监理工作联系单、监理通知单形式，责令施工单位进行整改。

(4) 会议形式：每日由项目办组织现场施工碰头会，协调解决现场的实际问题；每周主持召开工程例会，对出现质量问题与针对重要质量问题召开专题会议而做出的决议，责令施工单位进行及时整改，并复查整改结果。

2. 监测控制

(1) 检查承包商施工监测的实施情况，监测标点是否符合设计要求，全部标点必须取得初始读数，记录清楚后，方可开始基坑开挖。

(2) 检查承包商施工监测的频率，是否按设计实施，若设计无明确要求时，在基坑开挖过程中每天监测不得少于1次，但需要根据监测数据的变化调整监测频率，基坑回填土一半的高度后可以停止监测。

(3) 承包商应在每次监测后24 h内，将监测结果报监理，每周需提供监测周报上报监理，每月还需提供监测月报（三份）报监理，监理签署意见后，送设计单位和业主各一份。

(4) 当监测的量值接近或超过设计的限值时，要及时书面报设计和监理，并初步做出分析，待业主、设计研究后再作处理。

3. 开挖控制

(1) 检查承包商基坑放样测量成果，复核测量计算书，合格后签认。

(2) 检查承包商是否按批准施工组织设计所确定的施工方法分段、分层顺序开挖。基坑开挖应自上而下分段、分层依次进行，严禁在坑底中部掏挖开挖。

(3)检查基坑开挖至基底时,是否留足人工修平的预留厚度,根据地层情况一般预留200~500 mm 厚的预留检查运输通道处,是否损坏地基原状土体,如损坏影响工程建设时,则应进行碎石、砂加卵石或垫层同级混凝土换填或填充。

(4)检查基底是否扰动、超挖,如发生扰动或超挖,必须用碎石、砂加卵石或与垫层同级混凝土换填或填充。

(5)检查基坑的排水系统是否符合设计要求、是否完整。基坑内是否有积水和松渣。经承包商自检合格后,报监理会同设计、业主、市质检站进行基底检查验收。验收检查合格后及时浇筑混凝土垫层。

4. 回填控制

(1)检查基坑回填土的各项指标是否满足设计要求。设计无要求时,基坑回填土,不得有淤泥、粉砂、杂土、有机质含量大于8%的腐殖土、含水量过大湿土、粒径大于150 mm 的块石填筑。

(2)回填土分层、压实,分层厚度不大于300 mm,用机械碾压时,搭接宽度不小于200 mm,人工、小型机械机具夯压时,夯与夯之间重叠不小于1/3夯底宽度,对于无法夯实处,必须用石粉水夯法回填,以保证回填的密实度。

(3)基坑回填前,坑底的杂物、积水必须清理干净。

(4)基坑回填碾压或夯实,每分层机械碾压时按1 000 m^2,人工夯实时按500 m^2 取样一组检查压实度,每组取样点不少于6个,遇有特殊情况应增加取样点位。

四、承包商提供的资料

(1)回填土压实测试资料。
(2)基坑开挖记录。
(3)垫层混凝土强度试验资料。
(4)工程基线放线及复核资料。
(5)地基验坑(槽)资料。
(6)垫层质量评定资料。
(7)设计变更、工程变更记录。

项目二　基础工程中的监理员工作

> **想一想练一练：**
> 1. 土方工程监理的依据主要有哪些？
> 2. 在土方工程中，如何进行材料方面的质量控制？
> 3. 土方工程的准备工作主要有哪些？
> 4. 事中控制是土方工程监理的关键性环节，在完成一道工序后，应按什么程序监理介入进行，否则不准进行下一道工序的施工？
> 5. 土方开挖中有哪些控制质量的措施？
> 6. 土方工程完工后，承包商应提供哪些资料？

任务三　基坑工程监理员的工作及相关内容

任务目标

1. 熟悉基坑工程的监理工作流程，能理解每个流程的工作内容。
2. 掌握基坑工程的事前控制主要内容。
3. 了解并熟悉基坑支护工程的事中及事后控制内容，了解监理在施工过程中的主要工作。
4. 理解水泥土桩支护和锚杆及土钉支护的监理过程。

规范依据

1. 建设工程委托监理合同。
2. 基坑支护工程施工合同。
3. 相关图纸及地方法律法规要求。
4. 批准的监理规划、基坑支护工程施工组织设计等文件。
5. 《建筑桩基技术规范》(JGJ 94—2008)。
6. 《混凝土结构设计规范》(GB 50010—2010)(2015 年版)。
7. 《建设工程监理规范》(GB/T 50319—2013)。
8. 《岩土锚杆(索)技术规程》(CECS 22—2005)。
9. 《建筑基坑支护技术规程》(JGJ 120—2012)。
10. 《岩土锚杆与喷射混凝土支护工程技术规范》(GB 50086—2015)。
11. 《建筑工程施工质量验收统一标准》(GB 50300—2013)。

地下连续墙支护

12. 《建筑地基基础工程施工质量验收规范》(GB 50202—2018)。

任务实施

一、监理工作流程

深基坑工程应按专项施工方案进行施工，加强监理。

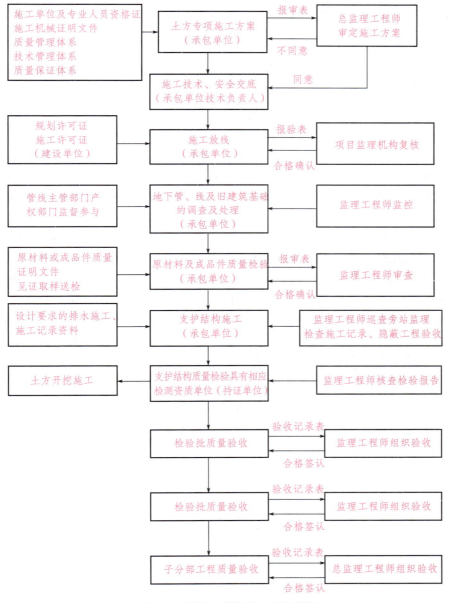

图 2-5　基坑工程监理工作流程图

二、事前控制中的监理工作

1. 图纸会审

工程开工前，项目监理机构应组织相关专业技术人员认真熟悉设计施工图纸、领会设计意图。同时，向业主、施工单位发出监理工作联系单，通知业主、施工单位做好图纸会审的相关准备，并在要求的日期内对基坑支护工程施工图纸进行会审，要求施工单位整理图纸会审纪要，图纸会审纪要经与会各方会签后即可下发施工单位执行。

基坑工程

2. 监理工作交底

项目监理机构根据基坑支护工程施工图纸，结合现场实际情况，就基坑土方开挖、深层搅拌桩、钢管桩、锚杆(索)、基坑壁挂钢筋网及喷射混凝土的施工质量控制及安全要求向施工单位做出交底。

3. 施工方案审查

基坑(槽)、管沟开挖前，施工单位应根据支护结构形式、挖深、地质条件、施工方法、周围环境、工期、气候和地面载荷等资料编制完整的施工方案、环境保护措施、监测方案，在编制完成并通过其内部审批程序后(要求公司技术负责人审批签字、盖章)，填写施工方案报审表，连同施工方案一起报监理部审查，经审批后方可施工。

审查的主要内容：①施工方案的批准手续是否符合规定；②项目经理部的机构设置和主要管理人员与投标文件是否相符；③施工方案的针对性和适应性，是否能保证质量和安全，施工机械的选择和数量是否能满足需要；④质量保证措施的严谨性和可操作性；⑤施工工艺流程；⑥进度计划是否切实可行并可满足合同总体工期要求；⑦安全文明施工的具体措施，特别是材料、机械堆放布置是否能确保基坑支护安全等具体环节；⑧各项规章制度是否健全；⑨施工工艺是否满足与基坑支护工程施工的协作、衔接与配合关系；⑩是否有影响合同造价调整的因素，以及其合理性。

4. 检查施工单位施工准备情况

现场施工必须具备的条件：①施工场地已平整、施工方案已通过审批；②工程基线已复核通过、测量控制桩已埋设固定并做好标识及保护工作；③检查施工机械设备和施工人员落实、到位情况以满足施工需要，审查管理人员、技术人员资格，特殊作业人员要持证上岗；④安全文明施工交底工作已完成。

三、事中及事后控制中的监理工作

1. 基坑支护工程

(1)基坑支护现场施工图，如图2-6所示。
(2)支护前的准备。

图 2-6 基坑支护现场施工图

1)所有材料都要经过见证送检,合格之后才准使用。

2)开挖前,须预先埋设好沉降及水平位移等各项观测点,并测量初始读数。

2. 各种桩的监理(水泥土桩支护和锚杆及土钉支护)

(1)水泥土桩支护的监理。

1)监理人员应注意提醒施工人员控制搅拌机下沉速度,其下沉速度通过电机的电流监测表控制,工作电流不应大于 10 A。

2)重复搅拌提升时,要求施工人员对桩顶以下 2~3 m 范围内或其他需要加强的部位,在重复搅拌提升时增喷水泥浆。

3)采用深层喷射搅拌机搅拌施工时,监理员巡视时应重点注意以下事项。

①同施工单位根据地质条件共同决定钻机旋转速度、提升速度及喷粉流量,以保证喷粉均匀和搅拌充分。

②监督施工方对桩顶 2~3 m 以及其他需要加强的部位实施局部复搅复喷,以满足设计要求。

4)无论采用哪种施工方法,监理人员均需注意以下事项。

①预搅下沉时不允许施工人员冲水,只有遇较硬土层而下沉太慢时,方可适量冲水,但须考虑冲水对桩身强度的影响。

②以水泥浆作固化剂时,要求施工单位提交拌制后防止浆液离析的措施。

③喷浆(粉)口到达桩顶设计标高时,要求施工人员停止提升,搅拌数秒,以保证桩头均匀密实。

④要求施工方控制桩与桩搭接时间,不应大于 24 h,如因特殊情况间歇时间太长,搭接质量无保证时,要求采取局部补桩或注浆措施。

⑤作为挡墙的桩体顶面如设计要求铺筑路面时,应要求施工单位尽早铺筑,并使路面筋与锚固筋连成一体。路面未完成前,严禁施工方开挖基坑。

5)监理现场质量控制的主要内容。

①施工停浆(粉)面必须高出桩顶设计标高 0.3~0.5 m,监理员要进行严格控制,在开挖基坑时,将该高出部分先行挖除。

②施工中因故停浆(粉),监理员必须到场,并要求施工人员将搅拌机下沉至停浆

土钉墙支护施工

（粉）点以下0.5 m，待恢复供浆（粉）时，再搅拌提升。

③成桩后，监理员到场检查，控制桩的垂直偏差不得超过1%，桩位偏差不得大于50 mm，桩径偏差不得大于4%，深度达到设计要求，并要求施工人员做好每根桩的施工记录，深度记录误差不大于10 mm，时间记录误差不大于5 s，以便监理人员核查。

④当设计要求桩体插筋时，监理员要求施工人员必须在成桩后2～4 h在监理员的监督下插完。

（2）锚杆及土钉支护的监理。土钉支护示意图如图2-7所示。

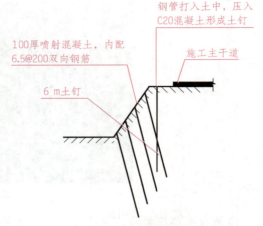

图2-7 土钉支护示意图

1）监理预控。

①锚杆长度设计应符合下列规定。

a. 锚杆自由段长度不宜小于5 m并应超过潜在滑裂面1.5 m。

b. 土层锚杆锚固段长度不宜小于4 m。

c. 锚杆杆体下料长度应为锚杆自由段锚固段及外露长度之和，外露长度须满足台座、腰梁尺寸及张拉作业要求。

②监理人员须对锚杆布置进行控制，应符合以下规定。

a. 锚杆上下排垂直间距不宜小于2.0 m，水平间距不宜小于1.5 m。

b. 锚杆锚固体上覆土层厚度不宜小于4.0 m。

c. 锚杆倾角宜为15°～25°，且不应大于45°。

支护锚杆

③工程锚杆施工前，监理人员宜要求施工方取两根锚杆进行钻孔、注浆、张拉与锁定的试验性作业，考核施工工艺和施工设备的适应性。

④施工前监理人员必须了解工程的质量要求以及施工中的测试监控内容与要求。如基坑支护尺寸的允许误差，支护坡顶的允许最大变形，对邻近建筑物、管线、道路等环境安全影响的允许程度。

⑤土钉支护施工前监理、施工、测量、设计单位有关人员共同到场确定基坑开挖线、轴线定位点、水准基点、变形观测点等，并在设置后要求施工单位负责加以妥善保护。

⑥监督施工单位土钉支护的施工机具和施工工艺，应按下列要求选用。

a. 成孔机具的选择和工艺要适应现场土质特点和环境条件，保证进钻和抽出过程中不引起塌孔，一般可选用冲击钻机、螺旋钻机、回转钻机、洛阳铲等，在易塌孔的土体中钻孔时应采用套管成孔或挤压成孔。

b. 注浆泵的规格、压力和输浆量满足施工要求。

c. 混凝土喷射机的输送距离满足施工要求，供水设施能保证喷头处有足够的水量和水压（不小于0.2 MPa）。

d. 空压机应满足喷射机工作风压和风量要求，一般可选用风量9 m³/min以上、压力大于0.5 MPa的空压机。

2）监理现场质量控制的主要内容。
①锚杆施工过程质量。

a. 施工所用的钻孔机具必须满足土层锚杆钻孔的要求。坚硬黏性土和不易塌孔的土层宜选用地质钻机、螺旋钻机或土锚专用钻机；饱和黏性土与易塌孔的土层宜选用带护壁套管的土锚专用钻机。

b. 在进行二次高压注浆形成的连续球体形锚杆的钻孔施工时，监理员还应注意把握下列规定，要求施工人员遵照执行。

a）钻孔采用套管护壁，一次将钻孔钻至设计长度。

b）钻孔完成后，应立即拔出钻杆，放入预应力筋，再拔出套管。

c. 进行扩大头型锚杆钻孔施工时，监理员还应注意下列要求。

a）端部扩大头可采用机械或爆破扩孔法，爆破扩孔装药量应根据土层情况，通过试验确定。

b）安装锚杆前应测定扩大头的尺寸。

d. 施工方采用 HRB335、HRB400 级钢筋作锚杆杆体时，对于杆体的组装，监理员应按以下规定要求施工人员执行，监理员可进行抽检。

a）组装前钢筋应平直、除油和除锈。

b）沿杆体轴线方向每隔 1.0～2.0 m 应设置一个对中支架，排气管应与锚杆杆体绑扎牢固。

c）杆体自由段应用塑料布或塑料管包裹，与锚固体连接处用铅丝绑牢。

e. 当施工方采用钢绞线或高强钢丝作锚杆杆体时，对于杆体的组装，监理员应按以下规定要求施工人员，监理员可进行抽检。

a）钢绞线或高强钢丝应除油污、除锈，严格按尺寸下料，每股长度误差不大于 50 mm。

b）钢绞线或高强钢丝应按一定规律平直排列，沿杆体轴线方向每隔 1.0～1.5 m 设置一个隔离架，杆体的保护层不应小于 2.0 cm，预应力筋（包括排气管）应捆扎牢固，捆扎材料不宜用镀锋材料。

c）杆体自由段应用塑料管包，与锚固段相交处的塑料管管口应密封并用铅丝绑紧。

f. 采用二次高压注浆形成的连续球体形锚杆杆体的组装，监理员应按下列规定要求施工人员，监理员可进行抽检。

a）编排钢绞线或高强钢丝时，应同时安放注浆套管和止浆密封装置。

b）止浆密封装置应设置在自由段与锚固段的分界处，并具有良好的密封性能。

c）宜用密封袋作止浆密封装置，密封袋两端应牢固绑扎在锚杆杆体上。被密封袋包裹的注浆套管上至少应留有一个进浆阀。

g. 安放锚杆杆体时监理员应按下列规定要求施工人员，监理员可抽检。

a）杆体放入钻孔之前，应检查杆体的质量，确保杆体组装满足设计要求。

b）安放杆体时，应防止杆体扭压、弯曲，注浆管宜随锚杆一同放入钻孔，注浆管头部距孔底宜为 50～100 mm，杆体放入角度应与钻孔角度保持一致。

h. 锚杆注浆时，监理员应按下列规定要求施工人员，并可随机检查。

a）注浆浆液应搅拌均匀，随拌随用，浆液应在初凝前用完，并严防石块、杂物混入浆液。

b）注浆作业开始和中途停止较长时间，再作业时用水或稀水泥浆润滑注浆泵及注浆管路。

i. 二次高压注浆形成的连续球体形锚杆的注浆时，监理员还应按下列规定要求施工人员。

a）注浆材料宜选用水胶比 0.45~0.50 的纯水泥浆。

b）一次常压注浆结束后，应将注浆管、注浆枪和注浆套管清洗干净。

j. 锚杆张拉施工时，监理员应按下列规定要求施工人员，监理员要严格检查。

a）锚杆张拉前，应检查台座的承压面是否平整，是否与锚杆的轴线方向垂直。对张拉设备进行标定。

b）锚固体与台座混凝土强度均大于 15.0 MPa 时，方可进行张拉。

c）锚杆张拉应按一定程序进行，锚杆张拉顺序，应考虑邻近锚杆的相互影响。

d）锚杆正式张拉之前，应取设计轴向拉力值的 0.1~0.2 倍，对锚杆预张拉 1~2 次，使其各部位的接触紧密，杆体完全平直。

k. 锚杆锁定施工时，监理员应按下列规定要求施工人员。

a）应采用符合技术要求的锚具。

b）锚杆锁定后，若发现有明显预应力损失时，应进行补偿张拉。

l. 喷射混凝土作业时，监理员到场旁站监督施工人员应遵守下列规定。

a）喷射作业应分段进行，同一分段内喷射顺序应自下而上，一次喷射厚度不宜小于 40 mm。

b）喷射混凝土时，喷头与受喷面应保持垂直，距离宜为 0.6~1.0 m。

c）喷射混凝土终凝 2 h 后，应喷水养护，养护时间根据气温确定，宜为 3~7 d。

②土钉施工过程质量。

a. 要求施工单位根据设计规定的分层开挖深度按作业顺序施工，在完成上层作业面的土钉与喷混凝土以前，不得进行下一层深度的开挖。当基坑面积较大时，允许在距离四周边坡 8~10 m 的基坑中部自由开挖，但应注意与分层作业区的开挖相协调。

b. 当用机械进行土方作业时，严禁施工人员在边壁出现超挖或造成边壁土体松动。基坑的边壁应要求施工方采用小型机具或铲锹进行切削清坡，以保证边坡平整并符合设计规定的坡度。

c. 支护分层开挖深度和施工的作业顺序应保证修整后的裸露边坡能在规定的时间内保持自立并在限定的时间内完成支护，即及时设置土钉或喷射混凝土。基坑在水平方向的开挖也应分段进行，一般可取 10~20 m。同时，要求施工方应尽量缩短边壁土体的裸露时间。对于自稳能力差的土体，如高含水量的黏性土和无天然黏结力的砂土，施工方必须立即进行支护。

d. 对于易塌的土体，监理员应要求施工单位采用以下措施中的一种或几种，防止基坑边坡的裸露土体发生塌陷。

a）对修整后的边壁立即喷上一层薄的砂浆或混凝土，待凝结后再进行钻孔。

b）在作业面上先构筑钢筋网喷混凝土面层，而后进行钻孔并设置土钉。

c）在水平方向上分小段间隔开挖。

d）先将作业深度上的边壁做成斜坡，待钻孔并设置土钉后再清坡。

e）在开挖前，沿开挖面垂直击入钢筋或钢管，或注浆加固土体。

e. 土钉支护宜在排除地下水的条件下进行施工，应要求施工单位采取恰当的排水措施包括地表排水，支护内部排水，以及基坑排水，以避免土体处于饱和状态并减轻作月于面层上的静水压力。

f. 要求施工单位对基坑四周支护范围内的地表加以修整，构筑排水沟和水泥砂浆或混凝土地面，防止地表降水向地下渗透。靠近基坑坡顶处宽 2~4 m 的地面应适当垫高，并且里高外低，便于径流远离边坡，监理员要注意检查。

g. 要求施工单位在支护面层背部插入长度为 400~600 mm、直径不小于 40 mm 的水平排水管，其外端伸出支护面层，间距可为 1.5~2 m，以便将喷混凝土面层后的积水排出。

h. 为了排除积聚在基坑内的渗水和雨水，应要求施工单位在坑底设置排水沟及集水坑。排水沟应离边壁 0.5~1 m，排水沟及集水坑宜用砖砌并用砂浆抹面以防止渗漏，坑中积水应及时抽出。

i. 在土钉钢筋置入孔中前，应先设置定位支架，保证钢筋处于钻孔的中心部位，支架沿钉长的间距为 2~3 m，支架的构造应不妨碍注浆时的浆液自由流动。支架可为金属或塑料件。监理员在土钉施工过程中需随机抽检。

j. 土钉钢筋置入孔中后，要求施工方采用重力、低压（0.4~0.6 MPa）或高压（1~2 MPa）方法注浆填孔。水平孔必须采用低压或高压方法注浆。压力注浆时应在钻孔口部设置止浆塞（如为分段注浆，止浆塞置于钻孔内规定的中间位置），注满后保持压力 3~5 min。重力注浆以满孔为止，但在初凝前需补浆 1~2 次。

k. 对于下倾的斜孔采用重力或低压注浆时施工人员应采用底部注浆方式，注浆导管底端应先插入孔底，在注浆同时将导管以匀速缓慢撤出，导管的出浆口应始终处在孔中浆体的表面以下，保证孔中气体能全部逸出。

l. 对于水平钻孔，施工方必须用口部压力注浆或分段压力注浆的方法，此时需配排气管井与土钉钢筋绑牢，在注浆前与土钉钢筋同时送入孔中。

m. 为提高土钉抗拔能力可建议施工方采用二次挤裂注浆方法，即在首次注浆（砂浆）终凝后 2~4 h 内，用高压（2~3 MPa）向钻孔中的二次注浆管注入水泥净浆，注满后保持压力 5~8 min。二次注浆管的边壁带孔且与钻孔等长，在首次注浆前与土钉钢筋同时送入孔中。

n. 注浆用水泥砂浆的水胶比不宜超过 0.45~0.50，当用水泥净浆时，水胶比不宜超过 0.45~0.50，允许施工人员加入适量的速凝剂等外加剂用以促进早凝和控制泌水。施工时当浆体塌浇度不能满足要求时可外加高效减水剂，但严禁施工人员任意加大用水量。浆体应搅拌均匀并立即使用，开始注浆前、中途停顿或作业完毕后均须要求施工人员用水冲洗管路。

o. 当土钉钢筋端部通过锁定筋与面层内的加强筋及钢筋网连接时，其相互之间应可靠焊牢，监理可随机抽检。当土钉端部通过其他形式的焊接件与面层相连时，应事先在监理员的监督下，施工人员将焊件取样送检测单位，检验焊接强度。当土钉端部通过螺纹、螺母、垫板与面层连接时，应要求施工人员在土钉端部 600~800 mm 的长度段内，用塑料包裹土钉钢筋表面使之形成自由段，以便于喷射混凝土凝固后拧紧螺母；垫板与喷混凝土面层之间的空隙用高强水泥砂浆填平。

p. 在喷射混凝土前,面层内的钢筋片应已牢固固定在边壁上并符合规定的保护层厚度要求,监理员可根据支护面积随机取点检查。施工单位可采用将钢筋插入土中的办法固定钢筋网,在混凝土喷射下不应出现振动。钢筋网片可采用焊接或绑扎,应满足网格允许误差±10 mm,钢筋网铺设时每边的搭接长度应不小于一个网格边长或200 mm,如为搭焊则焊长要求不小于网筋直径的10倍。

q. 施工人员进行混凝土喷射时应符合下列要求:喷射混凝土的喷射顺序应自下而上,喷头与受喷面距离宜控制在0.8~1.5 m范围内,射流方向垂直指向喷射面,但在钢筋部位,应先喷填钢筋后方,然后再喷填钢筋前方,防止在钢筋背面出现空隙。如有不符,监理员应要求其纠正。

r. 要求施工人员在边壁面上垂直打入短的钢筋段作为标志,以保证施工时的喷射混凝土厚度达到规定值。当面层厚度超过100 mm时,应分二次喷射,每次喷射厚度为50~70 mm。在继续进行下步喷射混凝土作业时,监理员要仔细检查预留施工缝接合面上的浮浆层和松散碎屑是否清除,如已清除,喷水使之潮湿。

s. 监理员应根据当地条件,要求施工方在喷射混凝土终凝2 h后,采取连续喷水养护5~7 d,或喷涂养护剂。

3)施工质量控制的关键点。

①锚杆施工旁站监督。

a. 锚杆放置完毕后,监理到场检查锚杆是否到位,要求锚杆杆体插入孔内深度不应小于锚杆长度的95%。禁止在杆体安放后随意敲击和悬挂重物。

b. 锚杆注浆施工时,监理员旁站监督施工人员应遵守下列规定。

a)孔口溢出浆液或排气管停止排气时,可停止注浆。

b)浆体硬化后不能充满锚固体时,应要求施工单位进行补浆,直到充满锚固体为止。

c. 二次高压注浆形成的连续球体型锚杆在注浆施工时,监理员还应旁站监督施工人员应遵守下列规定。

a)一次常压注浆作业应从孔底开始,直至孔口溢出浆液。

b)止浆密封装置的注浆应待孔口溢出浆液后进行,注浆压力不低于2.5 MPa。

c)在一次注浆形成的水泥结石体强度达到5.0 MPa后,监理员才能允许施工人员对锚固体进行二次高压注浆,注浆压力和注浆时间需根据锚固体的体积确定,并分段依次由下至上进行。

4)锚杆张拉时,监理员记录下锚杆张拉控制应力,其中,永久锚杆张拉控制应力δ_{con}不应超过$0.60f_{ptk}$,临时锚杆张拉控制应力$0.60f_{ptk}$口不应超过$0.65f_{ptk}$。

d. 锚杆张拉至(1.1~1.2)Nt(Nt为设计轴向拉力值)。监理员注意计时,土质为砂质土时保持10 min,为黏性土时保持15 min后,然后允许施工人员卸荷至锁定荷载进行锁定作业。

②土钉施工旁站监督。

a. 在进行喷射混凝土施工之前,监理员到场检查喷射混凝土面层中的钢筋网铺设情况,要求符合下列规定。

a)钢筋网应在喷射一层混凝土后铺设,钢筋保护层厚度不宜小于20 mm。

b)采用双层钢筋网时,第二层钢筋网应在第一层钢筋网被混凝土覆盖后铺设。

c) 钢筋网与土钉应连接牢固，监理员随机抽查。

b. 注浆作业时，监理员旁站检查应对照以下规定执行。

a) 注浆前施工人员已将孔内残留或松动的杂土清除干净，对于孔中出现的局部渗水塌孔或掉落松土应要求施工人员立即处理；注浆中途停止超过 30 min 时，应用水或稀水泥浆润滑注浆泵及其管路。

b) 注浆时，注浆管应插至距孔底 250~500 mm 处，孔口部位设置了止浆塞及排气管。

c) 土钉钢筋设好定位支架。

d) 孔内注入浆体的充盈系数必须大于 1。每次向孔内注浆时，监理员应明确计算所需的浆体体积并根据注浆泵的冲程数求出实际向孔内注入的浆体体积，以确认实际注浆量超过孔的体积，如实际注浆量小于计算所需的浆体体积，应要求施工方继续注浆作业，直到满足充盈系数大于 1 为止。

> **想一想练一练：**
> 1. 基坑工程的事前控制有哪些主要内容？
> 2. 采用深层喷射搅拌机搅拌施工时，监理员巡视时应重点注意哪些问题？
> 3. 水泥土桩成桩后，监理员到场应检查哪些主要内容？
> 4. 锚杆及土钉支护中，监理人员须对锚杆布置的控制应符合哪些规定？
> 5. 施工方采用 HRB335、HRB400 级钢筋作锚杆杆体时，对于杆体的组装，监理员应按哪些规定要求施工人员执行，监理员再进行抽检？
> 6. 施工方采用钢绞线或高强钢丝作锚杆杆体时，对于杆体的组装，监理员应按哪些规定要求施工人员执行，监理员再进行抽检？
> 7. 锚杆施工旁站监督内容有哪些？
> 8. 锚杆注浆作业时，监理员旁站检查应符合哪些规定执行？

任务四　地下防水工程监理员的工作及相关内容

地下防水工程是指对工业与民用建筑地下工程、防护工程、隧道及地下铁道等建（构）筑物，进行防水设计、防水施工和维护管理等各项技术工件的工程实体。以下内容主要针对工业与民用建筑地下工程的防水施工过程中的监理工作。

任务目标

1. 熟悉地下防水工程的监理依据。
2. 了解地下防水工程的监理工作流程。
3. 熟悉防水混凝土的材料规定。

4. 熟悉地下防水工程的施工准备阶段监理的主要工作，特别是对材料的质量控制方法。
5. 熟悉地下防水工程施工阶段的防水混凝土和卷材防水施工的监理控制主要内容。
6. 掌握卷材防水层施工质量检查、验收内容。
7. 掌握地下防水工程验收和记录文件。

规范依据

1. 工程监理规划。
2. 施工组织设计。
3. 设计施工图纸和地质勘查报告。
4. 工程承发包合同（施工合同）和协议、工程建设监理合同。
5. 《地下防水工程质量验收规范》（GB 50208—2011）。
6. 《地下工程防水技术规范》（GB 50108—2008）。

任务实施

一、地下防水工程监理工作流程

地下防水工程监理工作流程如图2-8所示。

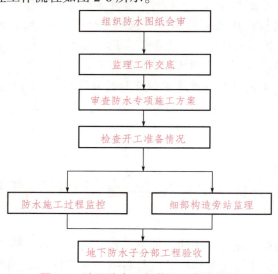

图 2-8　地下防水工程监理工作流程图

二、事前控制中的监理工作

（1）熟悉和掌握有关国家、行业的相关标准和规范。
（2）熟悉施工图纸，掌握结构主体及细部构造的防水要求。

(3)审查施工单位上报的地下防水工程专项施工方案,由专业监理工程师审查、重点审查质量、技术保证体系、施工安全质量技术措施,总监理工程师审批,通过后方可施工。

(4)根据监理规划、相关规范、规程和施工图、施工组织设计(方案)由专业监理工程师编制监理实施细则,经总监审批并组织实施。

(5)审核防水工程施工单位是否具备相应的专业防水施工资质,主要施工人员是否持有建设行政主管部门或其指定单位颁发的执业资格证书。地下防水工程必须由持有资质等级证书的防水专业队伍进行施工,主要施工人员应持有省级及以上建设行政主管部门或其指定单位颁发的执业资格证书或防水岗位专业岗位证书。

(6)主要防水材料的质量控制(图2-9)。对防水工程使用的主要材料和辅助材料进行审查,要有出厂合格证明或鉴定文件。

1)对防水材料出厂合格证的检查。出厂合格证书应包括品种、标号或型号及该批产品各项性能的试验数据。合格证的编号、批号、出厂日期及生产厂家质量检验部门的印章。

2)进入现场的防水材料要进行外观检查和复试。外观检查主要是防水材料的尺寸、厚度和有无杂质。每批产品抽取一定数量(10卷)进行过秤计量检查,不合格的产品退出现场。

3)对合格的产品要求承包方采取保护措施。严禁不符合存放要求的现象发生。

(7)防水混凝土配合比。

(1)水泥

宜采用普通硅酸盐水泥或硅酸盐水泥,采用其他品种水泥时应经试验确定;在受侵蚀性介质作用时,应按介质的性质选用相应的水泥品种;不得使用过期或受潮结块的水泥,并不得将不同品种或强度等级的水泥混合使用。

图2-9 沥青防水涂料施工图

(2)砂石

砂宜选用中粗砂,含泥量不应大于3.0%,泥块含量不宜大于1.0%,不宜使用海砂;在没有使用河砂的条件时,应对海砂进行处理后才能使用,且控制氯离子含量不得大于0.06%;碎石或卵石的粒径宜为5~40 mm,含泥量不应大于1.0%,泥块含量不应大于0.5%;对长期处于潮湿环境的重要结构混凝土用砂、石,应进行碱活性检验。

防水混凝土采用预拌混凝土时,入泵坍落度宜控制在120 mm~140 mm,坍落度每小时损失不应大于20 mm,坍落度总损失值不应大于40 mm。

5)必须控制商品混凝土坍落度,保证现场浇捣时的坍落度应小于18 cm。

(8)对要进行防水的部位基层进行检查验收。主要验收内容为标高、平整度、坡度、洁净。对照图纸与现场实际进行校验,不符合要求的进行整改。

三、事中及事后控制中的监理工作

地下防水有防水混凝土防水、水泥砂浆防水、卷材防水、涂料防水等。以下着重介绍防水混凝土防水、卷材防水施工过程中监理的做法。在实际监理工作中，通过旁站、巡视、平行检验等手段对工程进行有效的监督管理，加大预控力度，力争将隐患消灭在萌芽状态中，以最大程度减少损失、索赔等现象的发生。

1. 防水混凝土

（1）混凝土在浇筑地点的坍落度，每工作班至少检查两次。混凝土坍落度允许偏差必须符合《地下防水工程质量验收规范》（GB 50208—2011）规定。

（2）混凝土浇筑的要求。

1）在计划浇筑区段内连续浇筑，不得中断。

2）混凝土浇筑以阶梯式推进，浇筑间隔时间不得超过混凝土的初凝时间。

3）混凝土不得漏振、欠振和过振。

4）混凝土终凝前，应采用抹面机械或人工多次抹压。

（3）混凝土的养护。

1）对于大体积混凝土和大面积板面混凝土，表面抹压后用塑料薄膜覆盖，混凝土硬化后，宜采用蓄水养护或用湿麻袋覆盖，保持混凝土表面潮湿，养护时间不应少于14 d。

2）对于墙体等不易保水的结构，宜从顶部设水管喷淋，拆模时间不宜少于3 d，拆模后宜用湿麻袋紧贴墙体覆盖，并浇水养护，保持混凝土表面潮湿，养护时间不应少于14 d。

3）冬季施工时，混凝土浇筑后，应立即用塑料薄膜和保温材料覆盖，表层不得直接洒水，养护期不应少于14 d。对于墙体，带模板养护不应少于7 d。

4）混凝土内部温度与表面温度的差值应控制在25 ℃以内，混凝土外表面和环境温度差值也应在25 ℃以内。

2. 卷材防水

卷材防水施工现场如图2-10所示。

图2-10　卷材防水施工现场

卷材防水施工工艺可分为外贴法施工和内贴法施工。

(1)巡视卷材铺贴施工的施工程序。

1)外贴法施工：外贴法是将立面卷材防水层直接粘贴在需要做防水的钢筋混凝土结构外表面上。其施工程序如下：

基层处理和清扫→涂布基层处理剂→复杂部位附加增强处理→涂布胶粘剂→铺贴卷材→卷材接缝粘结→卷材接缝部位附加增强处理→铺设卷材防水隔离层。

2)内贴法施工：内贴法是在施工条件受到限制，外贴法难以实施时，不得不采用的一种防水施工法。其防水效果不如外贴法施工。内贴法施工是在混凝土垫层边沿上砌筑永久性保护墙，并在平、立面上同时抹砂浆找平层后，完成卷材防水层粘贴，最后进行底板和墙体钢筋混凝土结构的施工。其施工顺序如下：

混凝土垫层四周砌筑永久性保护墙→平、立面抹水泥砂浆找平层→涂刷基层处理剂→涂刷胶粘剂→铺贴卷材→平面铺设防水层隔离层→立面粘贴聚乙烯泡沫塑料片材保护层→平面浇筑细石混凝土保护层。

(2)巡视卷材铺贴施工的施工方法。底板应先铺贴平面，后铺贴立面。先铺转角，后贴大面。

1)经常检查卷材和胶结材料是否符合要求，必要时进行抽检；检查胶结材料是否过期失效和干结；检查胶结材料的加热温度，因加热温度过高，而导致烧焦的胶结材料严禁使用。

2)卷材防水层及其变形缝、预埋管件、阴阳角、转折处等特殊部位细部做法的附加层，必须符合设计要求和施工验收规范的规定，验收合格后，办理隐蔽工程验收签证。

3)卷材防水层的铺贴方法和搭接、收头必须符合施工规范规定。做到粘结牢固紧密，接缝封严，无损伤、空鼓等缺陷。另外，还必须保证铺贴厚度。

4)卷材防水层与保护层粘结牢固，结合紧密，厚度均匀一致。

(3)卷材防水层施工质量检查、验收。

1)原材料的质量检查、验收。通过检查产品出厂合格证、试验报告，现场取样试验记录，确保卷材防水层的原材料、胶结剂，必须符合设计要求和施工规范规定。

2)卷材防水层及其变形逢、预埋管件细部做法检查、验收。通过观察检查和检查隐蔽工程验收记录，检查卷材防水层及其变形逢、预埋管件细部做法是否符合设计要求和施工规范的规定。

3)卷材防水层的基层检查、验收。通过观察检查和检查隐蔽工程验收记录，检查基层是否牢固、表面是否洁净，阴阳角处是否呈圆弧形或钝角，基层胶粘剂涂布是否均匀，有无漏涂现象。

4)卷材防水层铺贴质量检查、验收。通过观察检查和检查隐蔽工程验收记录，检查铺贴方法和搭接、收头是否符合施工规范规定，粘结牢固紧密，接缝封严，无损伤、空鼓等缺陷。

5)卷材防水层铺贴质量检查、验收。通过观察检查卷材防水层与保护层粘结是否牢固，结合紧密，厚度均匀一致。

3. 防水工程中常见质量缺陷及预防控制措施

(1)防水混凝土常见质量缺陷：表面渗水、裂缝水、细部渗水等。

预防控制措施：严格按混凝土配合比配制，计量设施准确可靠保证运输混凝土中不离析，浇筑时振捣充分，不欠振、漏振，按养护要求及时进行养护。

（2）常见涂料防水层质量缺陷：气孔、气泡、起鼓、翘边、破损等。

预防控制措施：材料搅拌应选用电动搅拌容器，搅拌容器宜选用圆桶，涂膜防水层的基层一定要清洁干净，不得有浮砂和灰尘，基层上的孔隙应按基层材料填补密实，每道涂层均不得出现气孔或气泡，严格控制基层含水率不大于8%，周边收口一定要细致操作，密封处理，防止带水施工，涂料防水层施工后、固化前应加强成品保护，防止被其他工序施工时碰坏划伤，或过早上人行走、放置工具，使防水层遭受磨损而变形损坏。

四、地下防水工程验收文件和记录

地下防水工程验收文件包括防水设计、防水施工方案、防水施工技术交底、材料质量证明文件、混凝土和砂浆试验报告、施工单位资质证明等。

地下防水工程验收记录包括隐蔽工程验收记录、分项工程检验批质量验收记录、施工日志、施工作业记录等。

想一想练一练：

1. 什么是地下防水工程？常用的地下防水做法有哪几种？
2. 地下防水工程的监理依据有哪些？除了教材中列出的以外还有哪些？
3. 地下防水工程施工前的施工方案需经过谁的审查通过方可施工？审查重点有哪些？
4. 地下防水工程的主要防水材料如何控制其质量？
5. 防水混凝土的监理现场巡视内容有哪些？
6. 防水混凝土的养护注意事项有哪些？
7. 简述卷材防水两种做法的施工程序，并比较其不同之处。
8. 卷材防水层施工质量检查、验收内容有哪些？
9. 防水工程中常见质量缺陷有哪些？
10. 地下防水工程验收和记录文件有哪些？
11. 指出下图中防水卷材施工的不当之处。

项目三 主体工程中的监理员工作

任务一 模板工程监理员的工作及相关内容

建筑主体工程是指基于地基基础之上，接受、承担和传递建设工程所有上部荷载，维持结构整体性、稳定性和安全性的承重结构体系。建筑主体工程的组成部分包括混凝土工程、砌体工程、钢结构工程。

主体是建筑的骨架。优质主体工程必须保证地基基础坚固、稳定。施工质量的好坏与职业人的爱岗敬业精神是分不开的，要考虑全局思维意识，注重解决问题的能力的培养。

在模板工程施工中，监理员的工作采用旁站、巡视和平行检验的方法，分为模板安装和模板拆除，分别从事前、事中、事后对施工进行有效监督管理。模板结构示意图如图3-1所示，模板安装实例如图3-2所示。

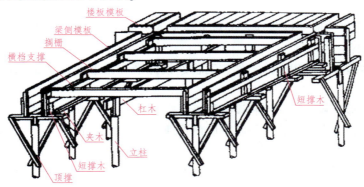

图3-1 模板结构示意图

图3-2 模板安装实例图

任务目标

1. 了解在模板工程中监理的工作方法和监理的工作内容。
2. 熟悉《建设工程监理规范》(GB/T 50319—2013)中的有关规定。
3. 能够对模板工程进行现场监理。

规范依据

1. 《建设工程监理规范》(GB/T 50319—2013)。
2. 《混凝土结构工程施工质量验收规范》(GB 50204—2015)。
3. 《建筑施工模板安全技术规范》(JGJ 162—2008)。
4. 《建筑工程施工质量验收统一标准》(GB 50300—2013)。

任务实施

一、监理规范的有关规定

(1)项目监理机构应根据工程特点和施工单位报送的施工组织设计,确定旁站的关键部位;关键工序安排监理人员进行旁站,并应及时记录旁站情况。

(2)项目监理机构应安排监理人员对工程施工质量进行巡视。巡视应包括下列主要内容:

梁支模构造

1)施工单位是否按工程设计文件、工程建设标准和批准的施工组织设计、(专项)施工方案施工。

2)使用的工程材料、构配件和设备是否合格。

3)施工现场管理人员,特别是施工质量管理人员是否到位。

4)特种作业人员是否持证上岗。

(3)项目监理机构应根据工程特点、专业要求以及建设工程监理合同约定,对工程材料、施工质量进行平行检验。

(4)项目监理机构应对施工单位报验的隐蔽工程、检验批、分项工程和分部工程进行验收,对验收合格的应给予签认,对验收不合格的应拒绝签认,同时,应要求施工单位在指定的时间内整改并重新报验。

对已同意覆盖的工程隐蔽部位质量有疑问的,或发现施工单位私自覆盖工程隐蔽部位的,项目监理机构应要求施工单位对该隐蔽部位进行钻孔探测或揭开或用其他方法进行重新检验。

(5)项目监理机构发现施工存在质量问题的,或施工单位采用不适当的施工工艺,或施工不当,造成工程质量不合格的,应及时签发监理通知单,要求施工单位整改。整改完毕后,项目监理机构应根据施工单位报送的监理通知回复对整改情况进行复查,提出复查意见。

（6）对需要返工处理或加固补强的质量缺陷，项目监理机构应要求施工单位报送经设计等相关单位认可的处理方案，并应对质量缺陷的处理过程进行跟踪检查，同时应对处理结果进行验收。

（7）对需要返工处理或加固补强的质量事故，项目监理机构应要求施工单位报送质量事故调查报告和经设计等相关单位认可的处理方案，并应对质量事故的处理过程进行跟踪检查，同时应对处理结果进行验收。

项目监理机构应及时向建设单位提交质量事故书面报告，并应将完整的质量事故处理记录整理归档。

二、监理内容

1. 模板安装检查

模板安装和浇筑混凝土时，应对模板及其支架进行观察和维护。发生异常情况时，应按施工技术方案及时进行处理。

（1）安装前检查。

1）模板品种规格及安装应全数检查，检查模板设计文件和施工技术方案。

柱支模

2）模板隔离剂品种检查及模板表面清理、隔离剂涂刷均匀。

（2）安装中。

1）模板的接缝不应漏浆。

2）模板起拱符合设计或规范要求，用水准仪或拉线、钢尺检查。

对跨度不小于 4 m 的现浇钢筋混凝土梁、板，其模板应按设计要求起拱；当设计无具体要求时，起拱高度宜为跨度的 1/1 000～3/1 000。

检查数量：在同一检验批内，梁抽查 10%，且不少于 3 件；板抽取有代表性的自然间 10%，且不少于 3 间；大空间结构，板可按纵、横轴线划分检查面，抽查 10%，且不少于 3 面。

（3）安装后、混凝土浇筑前检查。

1）木模板应浇水湿润，但模板内不得有积水。

2）钢筋和模板接槎处是否被模板隔离剂污染。

3）模板内有无杂物。

4）固定在模板上的预埋件、预留孔、预留洞检查，应不得遗漏、安装牢固，偏差符合规定。

板支模

5）模板安装的偏差在允许范围内。

2. 模板拆除检查

（1）拆除前检查。

1）全数检查拟拆除处的底模及支架上的混凝土同条件养护试件强度有无达到设计或规范要求。

2)后张法预应力混凝土结构构件,全数检查拆模顺序,侧模宜在预应力张拉前拆除,底模按施工方案进行,不得在构件建立预应力前拆除。

3)后浇带模板的拆除和支顶应按施工方案进行(表3-1)。

表3-1 底模拆除时的混凝土强度要求

构件类型	构件跨度/m	达到设计的混凝土立方体抗压强度标准值的百分率/%
板	≤2	≥50
	>2,≤8	≥75
	>8	≥100
梁、拱、壳	≤8	≥75
	>8	≥100
悬臂构件	—	≥100

检查数量:全数检查。

检验方法:检查同条件养护试件强度试验报告。

(2)拆除中的检查。

1)表面及棱角无损伤。

2)拆模时不应对楼层形成冲击荷载。

3)拆除的模板和支架的堆放及时清运。

(2)拆除后的检查。

1)模板的分类堆放、整理、保管,以便后面的周转使用。

2)与模板接触处的混凝土浇筑质量,有无质量通病,有质量通病则指令施工方整改。现浇结构安装的允许偏差及检验方法见表3-2。

表3-2 现浇结构模板安装的允许偏差及检验方法

钢筋牌号	断后伸长率 A(%)	重量负偏差(%)		
		直径6mm~12mm	直径14mm~20mm	直径22mm~50mm
HPB235、HPB300	≥21	≤10	—	—
HRB335、HBRF335	≥16	≤8	≤6	≤5
HRB400、HBRF400	≥15			
RRB400	≥13			
HRB500、HBRF500	≥14			

(3)《模板分项工程（现浇结构模板安装）检验批质量验收记录》《模板分项工程（模板拆除）检验批质量验收记录》分别见附表2、附录3。

> **想一想练一练：**
> 1. 模板安装前的监理工作主要检查哪些？
> 2. 模板安装工程中要进行哪些检查？
> 3. 简述模板拆除中及拆除后的检查内容。
> 4. 某项工程即将进行二层楼板模板的安装，请你考虑将从哪些方面进行检查？同时请你对已完成浇筑混凝土的模板给出拆模建议。

任务二　钢筋工程监理员的工作及相关内容

钢筋工程应从钢筋进场起至钢筋隐蔽前全过程跟踪监理，钢筋工程由于涉及结构安全，为监理工作重中之重。但在实践中，部分监理人员由于工作方法欠妥及对钢筋施工中细节上的不重视，很容易造成现场失控，既劳力又劳心，却不能有效地控制工程质量。钢筋工程施工现场图如图3-3所示，柱子箍筋绑扎如图3-4所示。

图3-3　钢筋工程施工现场图　　　图3-4　柱子箍筋钢筋绑扎

任务目标

1. 掌握钢筋工程验收的内容。
2. 掌握钢筋的进场、连接接头、钢筋加工、安装等的验收规定并能在工作中灵活运用。

规范依据

1. 《建设工程监理规范》(GB/T 50319—2013)。
2. 《建筑工程施工质量验收统一标准》(GB 50300—2013)。
3. 《混凝土结构工程施工质量验收规范》(GB 50204—2015)。
4. 《钢筋机械连接技术规程》(JGJ 107—2016)。
5. 《钢筋焊接及验收规程》(JGJ 18—2012)。

任务实施

一、知识准备

1. 钢筋工程总体要求

在浇筑混凝土之前,应进行钢筋隐蔽工程验收,其内容包括:

(1)纵向受力钢筋的牌号、规格、数量、位置。

(2)钢筋的连接方式、接头位置、接头数量、接头面积百分率搭接长度、锚固方式及锚固长度。

(3)箍筋、横向钢筋的牌号、规格、数量、间距箍筋弯钩的弯折角度及平直段长度。

(4)预埋件的规格、数量、位置。

2. 钢筋工程中的岗位职责

(1)专业监理工程师应履行下列职责。

1)检查进场的工程材料、构配件、设备的质量。

2)验收检验批、隐蔽工程、分项工程,参与验收分部工程。

(2)监理员应履行下列职责。

1)进行见证取样。

2)发现施工作业中的问题,及时指出并向专业监理工程师报告。

另外,项目监理机构应对施工单位报验的隐蔽工程、检验批;分项工程和分部工程进行验收,对验收合格的应给予签认,对验收不合格的应拒绝签认,同时,应要求施工单位在指定的时间内整改并重新报验。

二、事前控制中的监理工作

1. 钢筋进场见证取样

(1)钢筋进场时,核实产品合格证、出厂检验报告和抽样检验报告的真实性。

(2)钢筋进场时,监理员应按国家现行相关标准的规定见证取样,抽取试件做力学性能和重量偏差检验。

(3)对按一、二、三级抗震等级设计的框架和斜撑构件(含梯段)中的纵向受力普通钢筋应采用 HRB335E、HRB400E、HRB500E、HRBF335E、HRBF400E 或 HRBF500E 钢筋,其强度和最大力下总伸长率的实测值应符合下列规定。

1) 钢筋的抗拉强度实测值与屈服强度实测值的比值不应小于1.25。

2) 钢筋的屈服强度实测值与屈服强度标准值的比值不应大于1.30。

3) 钢筋的最大力下总伸长率不应小于9%。

检查数量：按进场的批次和产品的抽样检验方案确定。

检验方法：检查抽样检验报告。

2. 钢筋加工检查

(1) 钢筋弯折的弯弧内直径应符合下列规定。

1) 光圆钢筋不应小于钢筋直径的2.5倍。

2) 335 MPa级、400 MPa级带肋钢筋不应小于钢筋直径的4倍。

3) 500 MPa级带肋钢筋，当直径为28 mm以下时不应小于钢筋直径的6倍，当直径为28 mm以上时不应小于钢筋直径的7倍。

4) 钢筋弯折处不应小于纵向受力钢筋的直径。

检查数量：按每工作班同一类型钢筋、同一加工设备抽查不应少于3件。

检验方法：尺量。

(2) 纵向受力钢筋的弯折后平直段长度应符合设计要求，光圆钢筋末端作180°弯钩时，弯钩的平直段长度不应小于钢筋直径的3倍。

检查数量：按每工作班同一类型钢筋，同一加工设备抽查不应少于3件。

检验方法：尺量。

(3) 箍筋、拉筋的末端应按设计要求作弯钩，并应符合下列规定。

1) 对一般结构构件，箍筋弯钩的弯折角度不应小于90°，弯折后平直段长度不应小于箍筋直径的5倍；对有抗震设防要求或设计有专门要求的结构构件，箍筋弯钩的弯折角度不应小于135°，弯折后平直段长度不应小于箍筋直径的10倍。

2) 圆形箍筋的搭接长度不应小于其受拉锚固长度，且两末端弯钩的弯折角度不应小于135°，弯折后平直段长度对一般结构构件不应小于箍筋直径的5倍，对有抗震设防要求的结构构件不应小于箍筋直径的10倍。

3) 梁、柱复合箍筋中的单肢箍筋两端弯钩的弯折角度均不应小于135°，弯折后平直段长度应符合上述第1)条对箍筋的有关规定。

检查数量：按每工作班同一类型钢筋、同一加工设备抽查不应少于3件。

检验方法：尺量。

(4) 盘卷钢筋调直后应进行力学性能和重量偏差检验，其强度应符合国家现行有关标准的规定，其断后伸长率、重量偏差应符合表3-3的规定。力学性能和重量偏差检验应符合下列规定。

1) 应对3个试件先进行重量偏差检验，再取其中2个试件进行力学性能检验。

2) 检验重量偏差时，试件切口应平滑并与长度方向垂直，其长度不应小于500 mm；长度和重量的量测精度分别不应低于1 mm和1 g。

采用无延伸功能的机械设备调直的钢筋，可不进行本条规定的检验。

检查数量：同一加工设备、同一牌号、同一规格的调直钢筋，重量不大于30 t为一批，每批见证抽取3个试件。

检验方法：检查抽样检验报告。

表 3-3　盘卷钢筋调直后的断后伸长率、重量偏差要求

钢筋牌号	断后伸长率 A/%	重量偏差/%	
		直径 6~12 mm	直径 14~16 mm
HPB300	≥21	≥-10	—
HRB335、HRBF335	≥16	≥-8	≥-6
HRB400、HRBF400	≥15		
RRB400	≥13		
HRB500、HRBF500	≥14		

注：1. 断后伸长率 A 的量测标距为 5 倍钢筋公称直径；

2. 重量偏差按公式 $\Delta = \dfrac{W_d - W_0}{W_0} \times 100$ 计算。其中，W_0 为钢筋理论重量(kg)，取每米理论重量(kg/m)与 3 个调直钢筋试件长度之和(m)的乘积；W_d 为 3 个调直钢筋试件的实际重量之和(kg)。

钢筋加工的形状、尺寸应符合设计要求，其允许偏差应符合表 3-4 的规定。按每工作班同一类型钢筋、同一加工设备抽查不应少于 3 件。

表 3-4　钢筋加工的允许偏差

项　目	允许偏差/mm
受力钢筋沿长度方向的净尺寸	±10
弯起钢筋的弯折位置	±20
箍筋外廓尺寸	±5

三、事中及事后控制中的监理工作

1. 钢筋安装检查

钢筋安装位置的允许偏差和检验方法见表 3-5。

表 3-5　钢筋安装位置的允许偏差和检验方法

项　目		允许偏差/mm	检验方法
绑扎钢筋网	长、宽	±10	尺量
	网眼尺寸	±20	尺量连续三档，取最大偏差值
绑扎钢筋骨架	长	±10	尺量
	宽、高	±5	尺量
纵向受力钢筋	锚固长度	-20	尺量
	间距	±10	尺量两端、中间各一点，取最大偏差值
	排距	±5	

续表

项　目		允许偏差/mm	检验方法
纵向受力钢筋、箍筋的混凝土保护层厚度	基础	±10	尺量
	柱、梁	±5	尺量
	板、墙、壳	±3	尺量
绑扎箍筋、横向钢筋间距		±20	尺量连续三档，取最大偏差值
钢筋弯起点位置		20	尺量
预埋件	中心线位置	5	尺量
	水平高差	+3，0	塞尺量测

注：检查中心线位置时，沿纵、横两个方向量测并取其中偏差的较大值。

2. 钢筋连接检查

（1）钢筋的连接方式应符合设计要求。

（2）钢筋采用机械连接或焊接连接时，钢筋机械连接接头、焊接接头的力学性能、弯曲性能应符合国家现行相关标准的规定。接头试件应从工程实体中截取。

检查数量：按现行行业标准《钢筋机械连接技术规程》（JGJ 107—2010）和《钢筋焊接及验收规程》（JGJ 18—2012）的规定确定。

检验方法：检查质量证明文件和抽样检验报告。

钢筋连接—电渣压力焊

（3）螺纹接头应检验拧紧扭矩值，挤压接头应量测压痕直径，检验结果应符合现行行业标准《钢筋机械连接技术规程》（JGJ 107—2010）的相关规定。

检查数量：按现行行业标准《钢筋机械连接技术规程》（JGJ 107—2010）的规定确定。

检验方法：采用专用扭力扳手或专用量规检查。

（4）钢筋接头的位置应符合设计和施工方案要求，有抗震设防要求的结构中，梁端、柱端箍筋加密区范围内不应进行钢筋搭接，接头末端至钢筋弯起点的距离不应小于钢筋直径的 10 倍。

检查数量：全数检查。

检验方法：观察、尺量。

钢筋连接—钢筋电弧焊

（5）钢筋机械连接接头、焊接接头的外观质量应符合现行行业标准《钢筋机械连接技术规程》（JGJ 107—2010）和《钢筋焊接及验收规程》（JGJ 18—2012）的规定。

检查数量：按现行行业标准《钢筋机械连接技术规程》（JGJ 107—2010）和《钢筋焊接及验收规程》（JGJ 18—2012）的规定确定。

检验方法：观察、尺量。

（6）当纵向受力钢筋采用机械连接接头或焊接接头时，同一连接区段内纵向受力钢筋的接头面积百分率应符合设计要求；当设计无具体要求时，应符合下列规定。

1）受拉接头，不宜大于 50%，受压接头，可不受限制。

2)直接承受动力荷载的结构构件中,不宜采用焊接;当采用机械连接时,不应超过50%。

检查数量:在同一检验批内,对梁、柱和独立基础,应抽查构件数量的10%,且不应少于3件;对墙和板,应按有代表性的自然间抽查10%,且不应少于3间;对大空间结构,墙可按相邻轴线间高度5 m左右划分检查面,板可按纵横轴线划分检查面,抽查10%,且均不应少于3面。

检验方法:观察、尺量。

注:1. 接头连接区段是指长度为35d且不小于500 mm的区段,d为相互连接两根钢筋的直径较小值。

2. 同一连接区段内纵向受力钢筋接头面积百分率为接头中点位于该连接区段内的纵向受力钢筋截面面积与全部纵向受力钢筋截面面积的比值。

(7)当纵向受力钢筋采用绑扎搭接接头时,接头的设置应符合下列规定:

1)接头的横向净间距不应小于钢筋直径,且不应小于25 mm。

2)同一连接区段内,纵向受拉钢筋的接头面积百分率应符合设计要求;当设计无具体要求时,应符合下列规定。

钢筋连接—机械连接

①梁类、板类及墙类构件,不宜超过25%;基础筏板,不宜超过50%。

②柱类构件,不宜超过50%。

③当工程中确有必要增大接头面积百分率时,对梁类构件,不应大于50%。

检查数量:在同一检验批内,对梁、柱和独立基础,应抽查构件数量的10%,且不应少于3件;对墙和板,应按有代表性的自然间抽查10%,且不少于3间;对大空间结构,墙可按相邻轴线间高度5 m左右划分检查面,板可按纵横轴线划分检查面,抽查10%,且均不应少于3面。

检验方法:观察、尺量。

注:1. 接头连接区段是指长度为1.3倍搭接长度的区段,搭接长度取相互连接两根钢筋中较小直径计算。

2. 同一连接区段内纵向受力钢筋接头面积百分率为接头中点位于该连接区段长度内的纵向受力钢筋截面面积与全部纵向受力钢筋截面面积的比值。

(8)梁、柱类构件的纵向受力钢筋搭接长度范围内箍筋的设置应符合设计要求;当设计无具体要求时,应符合下列规定。

1)箍筋直径不应小于搭接钢筋较大直径的1/4。

2)受拉搭接区段的箍筋间距不应大于搭接钢筋较小直径的5倍,且不应大于100 mm。

3)受拉搭接区段的箍筋间距不应大于搭接钢筋较小直径的10倍,且不应大于200 mm。

4)当柱中纵向受力钢筋直径大于25 mm时,应在搭接接头两个端面外100 mm范围内各设置两个箍筋,其间距宜为50 mm。

检查数量:在同一检验批内,应抽查构件数量的10%,且不应少于3件。

检验方法:观察、尺量。

3. 验收记录表格

《钢筋分项工程(原材料、钢筋加工)检验批质量验收记录》《钢筋分项工程(钢筋连接、钢筋安装)检验批质量验收记录》分别见附表4、附表5。

> **想一想练一练：**
> 1. 钢筋的隐蔽工程验收包括哪些方面？
> 2. 监理员和专业监理工程师在钢筋工程的监理过程中的职责有哪些？
> 3. 钢筋进场见证取样的规定有哪些？
> 4. 同一连接区段内，纵向受力钢筋的接头面积百分率无设计要求时应符合哪些规定？
> 5. 【案例】某建筑公司承接了一项综合楼任务，建筑面积 100 828 m^2，地下 3 层，地上 26 层，筏形基础，主体为框架-剪力墙结构。该项目地处城市主要街道交叉路口，是该地区的标志性建筑物。在第五层楼板钢筋隐蔽工程验收时，监理工程师发现整个楼板受力钢筋型号不对、位置放置错误，施工单位非常重视，及时进行了返工处理。
> 【问题】：请指出第五层钢筋隐蔽工程的验收要点。

任务三　混凝土工程监理员的工作及相关内容

混凝土工程施工现场如图 3-5 所示。

图 3-5　混凝土工程施工现场图

任务目标

1. 熟悉混凝土工程监理工作流程。
2. 熟悉水泥进场时的检查内容及要求。
3. 掌握见证取样中监理员的做法。
4. 熟悉施工现场观察检查的内容并掌握检查的有关规定。
5. 熟悉混凝土养护的有关规定。
6. 熟悉现浇结构外观质量缺陷的种类及现象。
7. 学会相关质量验收记录表格的填写。

项目 三 主体工程中的监理员工作

🔍 规范依据

1. 监理规划。
2. 施工组织设计。
3. 《混凝土结构设计规范》(GB 50010—2010)(2015版)。
4. 《建筑抗震设计规范》(GB 50011—2010)(2016版)。
5. 《建筑工程施工质量验收统一标准》(GB 50300—2013)。
6. 《混凝土结构工程施工质量验收规范》(GB 50204—2015)。

🔧 任务实施

⚙ 一、混凝土工程监理工作流程

混凝土工程监理工作流程如图3-6所示。

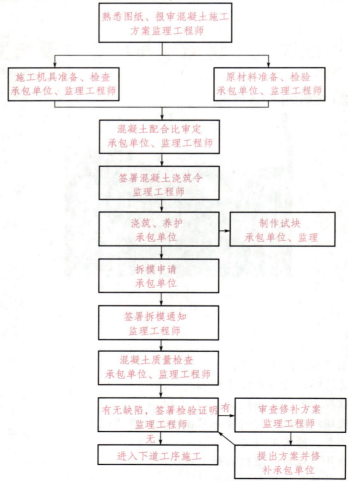

图3-6 混凝土工程监理工作流程图

任务三　混凝土工程监理员的工作及相关内容

二、事前控制中的监理工作

1. 水泥进场检查

（1）水泥进场时，应对其品种、代号、强度等级、包装或散装仓号、出厂日期等进行检查，并应对水泥的强度、安定性和凝结时间进行检验，检验结果应符合现行国家标准《通用硅酸盐水泥》（GB 175—2007）的相关规定。

检查数量：按同一生产厂家、同一品种、同一代号、同一强度等级、同一批号且连续进场的水泥，袋装不超过200 t为一批。散装不超过500 t为一批，每批抽样数量不少于一次。

标准试块

检验方法：检查质量证明文件和抽样检验报告。

（2）混凝土外加剂进场时，应对其品种、性能、出厂日期等进行检查，并应对外加剂的相关性能指标进行检验，检验结果应符合现行国家标准《混凝土外加剂》（GB 8076—2008）和《混凝土外加剂应用技术规范》（GB 50119—2013）的规定。

（3）水泥、外加剂进场检验，当满足下列条件之一时，其检验批容量可扩大一倍。

1）获得认证的产品。

2）同一厂家、同一品种、同一规格的产品，连续三次进场检验的一次检验合格。

（4）混凝土用矿物掺合料进场时，应对其品种、性能、出厂日期等进行检查，并应对矿物掺合料的相关性能指标进行检验，检验结果应符合国家现行有关标准的规定。

1）获得认证的产品。

2）同一厂家、同一品种、同一规格的产品，连续三次进场检验均一次检验合格。

（5）混凝土原材料中的粗骨料、细骨料质量应符合现行行业标准《普通混凝土用砂、石质量及检验方法标准》（JGJ 52—2006）的规定，使用经过净化处理的海砂应符合现行行业标准《海砂混凝土应用技术规范》（JGJ 206—2010）的规定，再生混凝土骨料应符合现行国家标准《混凝土用再生粗骨料》（GB/T 25177—2010）和《混凝土和砂浆用再生细骨料》（GB/T 25176—2010）的规定。

（6）混凝土拌制及养护用水应符合现行行业标准《混凝土用水标准》（JGJ 63—2006）的规定。采用饮用水作为混凝土用水时，可不检验；采用中水、搅拌站清洗水、施工现场循环水等其他水源时，应对其成分进行检验。

2. 配合比设计检查

混凝土应按现行行业标准《普通混凝土配合比设计规程》（JGJ 55—2011）的有关规定，根据混凝土强度等级、耐久性和工作性等要求进行配合比设计。

对有特殊要求的混凝土，其配合比设计还应符合国家现行有关标准的专门规定。

检验方法：检查配合比设计资料。

三、事中及事后控制中的监理工作

1. 取样与试件留置检查

结构混凝土的强度等级必须符合设计要求。用于检查结构构件混凝土强度的试件，应在混凝土的浇筑地点随机抽取。

检查数量：对同一配合比混凝土，取样与试件留置应符合下列规定。

（1）每拌制 100 盘且不超过 100 m^3 时，取样不得少于一次。

（2）每工作班拌制不足 100 盘时，取样不得少于一次。

（3）连续浇筑超过 1 000 m^3 时，每 200 m^3 取样不得少于一次。

（4）每一楼层取样不得少于一次。

（5）每次取样应至少留置一组试件。

检验方法：检查施工记录及混凝土强度试验报告。

2. 施工记录检查

施工记录检查应辅助现场观察。

（1）混凝土运输、浇筑及间歇的全部时间不应超过混凝土的初凝时间。同一施工段的混凝土应连续浇筑，并应在底层混凝土初凝之前将上一层混凝土浇筑完毕。当底层混凝土初凝后浇筑上一层混凝土时，应按施工技术方案中对施工缝的要求进行处理。

（2）施工缝检查：施工缝的位置应在混凝土浇筑前按设计要求和施工技术方案确定。施工缝的处理应按施工技术方案执行。

（3）后浇带检查：后浇带的留设位置应按设计要求和施工技术方案确定。后浇带混凝土浇筑应按施工技术方案进行。

（4）养护检查：混凝土浇筑完毕后应按施工技术方案及时采取有效的养护措施，并应符合下列规定。

1）应在浇筑完毕后的 12 h 以内，对混凝土加以覆盖，并保湿养护。

2）混凝土浇水养护的时间：对采用硅酸盐水泥、普通硅酸盐水泥或矿渣硅酸盐水泥拌制的混凝土，不得少于 7 d；对掺用缓凝型外加剂或有抗渗要求的混凝土，不得少于 14 d。

3）浇水次数应能保持混凝土处于湿润状态，混凝土养护用水应与拌制用水相同。

4）采用塑料布覆盖养护的混凝土，其敞露的全部表面应覆盖严密，并应保持塑料布内有凝结水。

5）混凝土强度达到 1.2 N/mm^2 前，不得在其上踩踏或安装模板及支架。

3. 浇筑好后检查

（1）现浇结构的外观质量缺陷，应由监理（建设）单位、施工单位等各方根据其对结构性能和使用功能影响的严重程度，按表 3-6 确定。

表 3-6　现浇结构外观质量缺陷

名　　称	现　　象	严重缺陷	一般缺陷
露筋	构件内钢筋未被混凝土包裹而外露	纵向受力钢筋有露筋	其他钢筋有少量露筋

续表

名　称	现　象	严重缺陷	一般缺陷
蜂窝	混凝土表面缺少水泥浆而形成石子外露	构件主要受力部位有蜂窝	其他部位有少量蜂窝
孔洞	混凝土中孔穴深度和长度均超过保护层厚度	构件主要受力部位有孔洞	其他部位有少量孔洞
夹渣	混凝土中夹有杂物且深度超过保护层厚度	构件主要受力部位有夹渣	其他部位有少量夹渣
疏松	混凝土中局部不密实	构件主要受力部位有疏松	其他部位有少量疏松
裂缝	缝隙从混凝土表面延伸至混凝土内部	构件主要受力部位有影响结构性能或使用功能的裂缝	其他部位有少量不影响结构性能或使用功能的裂缝

名称	现象	严重缺陷	一般缺陷
连接部位缺陷	构件连接处混凝土有缺陷及连接钢筋、连接件松动	连接部位有影响结构传力性能的缺陷	连接部位有基本不影响结构传力性能的缺陷
外形缺陷	缺棱掉角、棱角不直、翘曲不平、飞边凸肋等	清水混凝土构件有影响使用功能或装饰效果的外形缺陷	其他混凝土构件有不影响使用功能的外形缺陷
外表缺陷	构件表面麻面、掉皮、起砂、粘污等	具有重要装饰效果的清水混凝土构件有外表缺陷	其他混凝土构件有不影响使用功能的外表缺陷

注：1. 当日平均气温低于 5 ℃时不得浇水；
2. 当采用其他品种水泥时，混凝土的养护时间应根据所采用水泥的技术性能确定；
3. 混凝土表面不便浇水或使用塑料布时，宜涂刷养护剂；
4. 对大体积混凝土的养护，应根据气候条件按施工技术方案采取控温措施。

（2）现浇结构的外观质量不应有严重缺陷。

（3）对已经出现的严重缺陷，应由施工单位提出技术处理方案，并经监理单位认可后进行处理；对裂缝、连接部位出现的严重缺陷及其他影响结构安全的严重缺陷，技术处理方案还应经设计单位认可。对经处理的部位应重新验收。监理对经处理的部位核对检查技术处理方案，应重新检查验收。

（4）现浇结构和混凝土设备基础拆模后的尺寸偏差应符合《混凝土结构工程施工质量验收规范》(GB 50204—2015)的相关规定。

4. 预制构件检查

（1）预制构件应在明显部位标明生产单位、构件型号、生产日期和质量验收标志。构件上的预埋件、插筋和预留孔洞的规格、位置和数量应符合标准图或设计的要求。

（2）预制构件的外观质量不应有严重缺陷，对已经出现的严重缺陷，应检查技术处理方案，按技术处理方案进行处理，并重新检查验收。

（3）预制构件不应有影响结构性能和安装、使用功能的尺寸偏差。对超过尺寸允许偏差且影响结构性能和安装、使用功能的部位，应按技术处理方案进行处理，并重新检查验收。

（4）预制构件的尺寸偏差应符合规范的规定。

5. 质量验收记录

（1）《混凝土分项工程（原材料、配合比设计）检验批质量验收记录》（附表6）。

（2）《混凝土分项工程（混凝土施工）检验批质量验收记录》（附表7）。

（3）《现浇结构分项工程（结构施工）检验批质量验收记录》（附表8）。

（4）《现浇结构分项工程（设备基础）检验批质量验收记录》（附表9）。

想一想练一练：

1. 简述水泥进场时的检查内容及要求。
2. 见证取样中监理的做法有哪些？
3. 施工现场应有哪些方面的检查？
4. 简述混凝土养护的有关规定。
5. 现浇结构外观质量缺陷有哪些？
6. 简述预制构件检查内容。
7. 【案例】专业监理工程师对使用商品混凝土的现浇结构验收时，发现施工现场混凝土试块的强度不合格，拒绝签字。施工单位认为，建设单位提供的商品混凝土质量存在问题；建设单位认为，商品混凝土质量证明资料表明混凝土质量没有问题。经法定检测机构对现浇结构的实体进行检测，结果为商品混凝土质量不合格。

针对上述工程中现浇结构的质量问题，建设单位、监理单位和施工总承包单位是否应承担责任？说明理由。

任务四　砌体结构工程监理员的工作及相关内容

任务目标

1. 熟悉砌体结构工程有关监理依据。

2. 熟悉砌体结构工程监理工作流程。
3. 了解砌筑用砂浆的强度等级检查的规定。
4. 熟悉开工前监理的有关工作。
5. 掌握砖砌体工程的检查项目及方法。
6. 熟悉混凝土小型空心砌块砌体工程的检查项目及方法。
7. 了解石砌体工程的检查项目及方法。
8. 掌握砌体子分部工程验收的资料管理及验收方法。

规范依据

1. 监理委托合同。
2. 工程施工承包合同、招投标文件。
3. 《砌体结构设计规范》(GB 50003—2011)。
4. 《砌筑砂浆配合比设计规程》(JGJ/T 98—2010)。
5. 《混凝土结构工程施工质量验收规范》(GB 50204—2015)。
6. 《砌体结构工程施工质量验收规范》(GB 50203—2011)。
7. 《建筑工程施工质量验收统一标准》(GB 50300—2013)。

任务实施

一、监理工作流程

砌体结构工程监理工作流程如图 3-7 所示。

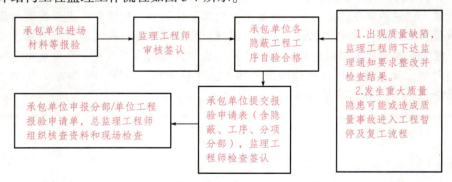

图 3-7　砌体结构工程监理工作流程

二、事前控制中的监理工作

1. 施工前准备工作

施工前的准备工作对一项工程是否能保证质量目标、工期目标顺利完成有相当重要的作用。因此，监理人员对施工单位施工准备工作同样要做好监督管理。

2. 砌筑用砂浆的强度等级检查

（1）检查要求：砂浆的强度等级必须符合设计要求。

（2）检查数量：砂浆试块的抽检数量按下列规定执行。

每一检验批且不超过 250 m³ 砌体的各类、各强度等级的普通砌筑砂浆，每台搅拌机应至少抽检一次。验收批的预拌砂浆、蒸压加气混凝土砌块专用砂浆，抽检可为 3 组。

（3）检验方法：查砂浆试块试验报告。

1）同一验收批砂浆试块强度平均值应大于或等于设计强度等级值的 1.10 倍。

2）同一验收批砂浆试块抗压强度的最小一组平均值应大于或等于设计强度等级值的 85%。

注：① 砌筑砂浆的验收批，同一类型、强度等级的砂浆试块不应少于 3 组；同一验收批砂浆只有 1 组或 2 组试块时，每组试块抗压强度平均值应大于或等于设计强度等级值的 1.10 倍；对于建筑结构的安全等级为一级或设计使用年限为 50 年及以上的房屋，同一验收批砂浆试块的数量不得少于 3 组。

② 砂浆强度应以标准养护，28 d 龄期的试块抗压强度为准。

③ 制作砂浆试块的砂浆稠度应与配合比设计一致。

3. 熟悉设计要求及可能采取的措施

对于砌体结构工程，在开工前监理人员要掌握并督促施工单位完成以下资料的准备、熟悉工作。

（1）熟悉砌体结构部分设计图纸和技术要求，组织图纸会审和设计院图纸交底时，掌握有关砌体结构的有关要求。

（2）砌体部分墙体位置的测量复核。

（3）施工过程中所用到的有关报表、规范、技术资料等。

（4）核查本部分施工现场和施工项目的质量管理体系和质量保证体系，要求施工单位推行全过程质量控制体系。对施工现场质量管理，要求有相应的施工技术标准；健全的质量管理体系、施工质量控制和质量检验制度；施工技术方案应经审查批准。

（5）审查施工单位编写的施工技术方案，该施工技术方案是否按程序审批，是否根据本工程实际特点编写、是否有针对性、各种技术措施是否可行、人员组织计划是否合理等；对涉及结构安全和人身安全的内容，是否有明确的规定和相应的措施。

三、事中及事后控制中的监理工作

1. 砖砌体工程

（1）砌体灰缝砂浆饱满度检查。

检验要求：砌体灰缝砂浆应密实饱满。砖墙水平灰缝的砂浆饱满度不得低于 80%；砖柱水平灰缝和竖向灰缝饱满度不得低于 90%。

检查数量：每检验批抽查不应少于 5 处。

检验方法：用百格网检查砖底面与砂浆的粘结痕迹面积，每处检测3块砖，取其平均值。

(2) 直槎、斜槎检查。

检查要求：在抗震设防烈度为8度及8度以上地区，对不能同时砌筑而又必须留置的临时间断处应砌成斜槎，普通砖砌体斜槎水平投影长度不应小于其高度的2/3，多孔砖砌体的斜槎长高比不应小于1/2。斜槎高度不得超过一步脚手架的高度。

检查数量：每检验批抽查不应少于5处。

检验方法：观察检查。

非抗震设防及抗震设防烈度为6度、7度地区的临时间断处，当不能留斜槎时，除转角处外，可留直槎，但直槎必须做成凸槎，且应加设拉结钢筋，拉结钢筋应符合下列规定。

1) 每120 mm墙厚放置1φ6拉结钢筋（120 mm厚墙应放置2φ6拉结钢筋）。

2) 间距沿墙高不应超过500 mm，且竖向间距偏差不应超过100 mm。

3) 埋入长度从留槎处算起每边均不应小于500 mm，对抗震设防烈度6度、7度的地区，不应小于1 000 mm。

4) 末端应有90°弯钩（图3-8）。

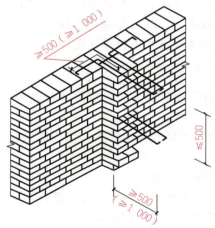

图3-8　直槎处拉结钢筋示意图

(3) 组砌方法检查。

检验要求：砖砌体组砌方法应正确，内外搭砌，上、下错缝。清水墙、窗间墙无通缝；混水墙中不得有长度大于300 mm的通缝，长度200~300 mm的通缝每间不超过3处，且不得位于同一面墙体上。砖柱不得采用包心砌法。

检查数量：每检验批抽查不应少于5处。

检验方法：观察检查。砌体组砌方法抽检每处应为3~5 m。

(4) 砌体灰缝厚度检查。

检查要求：砖砌体的灰缝应横平竖直，厚薄均匀，水平灰缝厚度及竖向灰缝宽度宜为10 mm，但不应小于8 mm，也不应大于12 mm。

检查数量：每检验批抽查不应少于5处。

检验方法：水平灰缝厚度用尺量10皮砖砌体高度折算；竖向灰缝宽度用尺量2 m砌体长度折算。

(5)砖砌体尺寸、位置的允许偏差检查。
检查要求：见表3-7中允许偏差值。
检查数量：见表3-7。
检验方法：见表3-7。

表3-7 砖砌体尺寸、位置的允许偏差

项次	项目			允许偏差/mm	检验方法	检查数量
1	轴线位移			10	用经纬仪和尺或用其他测量仪器检查	承重墙、柱全数检查
2	基础、墙、柱顶面标高			±15	用水准仪和尺检查	不应少于5处
3	墙面垂直度	每层		5	用2m托线板检查	不应少于5处
		全高	≤10 m	10	用经纬仪、吊线和尺或用其他测量仪器检查	外墙全部阳角
			>10 m	20		
4	表面平整度	清水墙、柱		5	用2m靠尺和楔形塞尺检查	不应少于5处
		混水墙、柱		8		
5	水平灰缝平直度	清水墙		7	拉5m线和尺检查	不应少于5处
		混水墙		10		
6	门窗洞口高、宽(后塞口)			±10	用尺检查	不应少于5处
7	外墙上下窗口偏移			20	以底层窗口为准。用经纬仪或吊线检查	不应少于5处
8	清水墙游丁走缝			20	以每层第一皮砖为准。用吊线和尺检查	不应少于5处

2. 混凝土小型空心砌块砌体工程

(1)小砌块和芯柱混凝土、砌筑砂浆的强度检查。

检查要求：小砌块和芯柱混凝土、砌筑砂浆的强度等级必须符合设计要求。

检查数量：每一生产厂家，每1万块小砌块为一验收批，不足1万块按一批计，抽检数量为1组；用于多层以上建筑的基础和底层的小砌块抽检数量不应少于2组。砂浆试块的抽检数量应按照有关规范的规定执行。

芯柱

检验方法：检查小砌块和芯柱混凝土、砌筑砂浆试块试验报告。

(2)砌体水平灰缝和竖向灰缝的砂浆饱满度检查。

检查要求：砌体水平灰缝和竖向灰缝的砂浆饱满度，按净面积计算不得低于90%。

检查数量：每检验批抽查不应少于5处。

检验方法：用专用百格网检测小砌块与砂浆粘结痕迹，每处检测3块小砌块，取其平均值。

(3)直槎、斜槎检查。

检查要求：墙体转角处和纵横交接处应同时砌筑。临时间断处应砌成斜槎，斜槎水平投影长度不应小于斜槎高度。施工洞口可预留直槎，但在洞口砌筑和补砌时，应在直槎上下搭砌的小砌块孔洞内用强度等级不低于 C20(或 Cb20)的混凝土灌实。

检查数量：每检验批抽查不应少于 5 处。

检验方法：观察检查。

(4)芯柱检查。

检查要求：小砌块砌体的芯柱在楼盖处应贯通。不得削弱芯柱截面尺寸；芯柱混凝土不得漏灌。

检查数量：每检验批抽查不应少于 5 处。

检验方法：观察检查。

(5)灰缝厚度检查。

检查要求：砌体的水平灰缝厚度和竖向灰缝宽度宜为 10 mm，但不应小于 8 mm，也不应大于 12 mm。

检查数量：每检验批抽查不应少于 5 处。

检验方法：水平灰缝厚度用尺量 5 皮小砌块的高度折算；竖向灰缝宽度用尺量 2 m 砌体长度折算。

(6)小砌块砌体尺寸、位置的允许偏差，见表 3-7。

3. 石砌体工程

(1)石材及砂浆强度检查。

检查要求：石材及砂浆强度等级必须符合设计要求。

检查数量：同一产地的同类石材抽检不应少于 1 组。砂浆试块的检查数量按现行国家标准《砌体结构工程施工质量验收规范》(GB 50203—2011)执行。

检验方法：料石检查产品质量证明书，石材、砂浆检查试块试验报告。

(2)砌体灰缝的砂浆饱满度检查。

检查要求：砌体灰缝的砂浆饱满度不应小于 80%。

检查数量：每检验批抽查不应少于 5 处。

检验方法：观察检查。

(3)石砌体尺寸、位置允许偏差检查。每检验批抽查不应少于 5 处。

石砌体尺寸、位置的允许偏差及检验方法应符合表 3-8 的规定。

表 3-8 石砌体尺寸、位置的允许偏差及检验方法

项次	项目	允许偏差/mm						检验方法
		毛石砌体		料石砌体				
				毛料石		粗料石		细料石	
		基础	墙	基础	墙	基础	墙	墙、柱	
1	轴线位置	20	15	20	15	15	10	10	用经纬仪和尺检查，或用其他测量仪器检查
2	基础和墙砌体顶面标高	±25	±15	±25	±15	±15	±15	±10	用水准仪和尺检查

续表

项次	项目		允许偏差/mm						检验方法
			毛石砌体		料石砌体				
					毛料石		粗料石		细料石	
			基础	墙	基础	墙	基础	墙	墙、柱	
3	砌体厚度		+30	+20 -10	+30	+20 -10	+15	+10 -5	+10 -5	用尺检查
4	墙面垂直度	每层	—	20	—	20	—	10	7	用经纬仪、吊线和尺检查或用其他测量仪器检查
		全高	—	30	—	30	—	25	10	
5	表面平整度	清水墙、柱	—	—	—	20	—	10	5	细料石用2m靠尺和楔形塞尺检查，其他用两直尺垂直于灰缝拉2m线和尺检查
		混水墙、柱	—	—	—	20	—	15	—	
6	清水墙水平灰缝平直度		—	—	—	—	—	10	5	拉10m线和尺检查

(4)石砌体的组砌形式检查。

检查要求：1)内外搭砌，上下错缝，拉结石、丁砌石交错设置。

2)毛石墙拉结石每0.7 m² 墙面不应少于1块。

检查数量：每检验批抽查不应少于5处。

检验方法：观察检查。

四、砌体子分部工程验收

(1)砌体工程验收前，应要求施工单位提供下列文件和记录。

1)施工执行的技术标准。

2)原材料的合格证书、产品性能检测报告。

3)混凝土及砂浆配合比通知单。

4)混凝土及砂浆试件抗压强度试验报告单。

5)施工质量控制资料。

6)隐蔽工程验收记录。

7)重大技术问题的处理或修改设计的技术文件。

8)各检验批的主控项目、一般项目验收记录。

9)其他必须提供的资料。

(2)砌体子分部工程验收时，应对砌体工程的观感质量做出总体评价。

(3)当砌体工程质量不符合要求时，应按现行国家标准《建筑工程施工质量验收统一标准》(GB 50300—2013)规定执行。

(4)对有裂缝的砌体应按下列情况进行验收：对不影响结构安全性的砌体裂缝，应予以验收，对明显影响使用功能和观感质量的裂缝，应进行处理。

> **想一想练一练：**
> 1. 砌体结构工程的监理依据有哪些？
> 2. 简述砌体结构工程监理工作流程。
> 3. 砌体结构工程开工前监理的工作有哪些？
> 4. 砖砌体工程的监理检查项目有哪些？
> 5. 混凝土小型空心砌块砌体工程的检查项目有哪些？
> 6. 砌体子分部工程验收前施工单位需提供的资料有哪些？有哪些规定？

任务五　钢结构工程监理员的工作及相关内容

钢结构工程是以钢材制作为主的结构是主要的建筑结构类型之一。钢结构是现代建筑工程中较普通的结构形式之一。

钢结构工程应按《钢结构工程施工规范》(GB 50755—2012)的规定进行施工，并按现行国家标准《建筑工程施工质量验收统一标准》(GB 50300—2013)和《钢结构工程施工质量验收规范》(GB 50205—2001)进行质量验收，如图3-9、图3-10所示。

监理对钢结构工程的控制应按事前(准备工作)、事中(施工过程)、事后(竣工验收)进行。

图3-9　钢结构安装(一)　　　　　　图3-10　钢结构安装(二)

任务目标

1. 熟悉钢结构监理工作流程。
2. 掌握钢结构工程的事前控制内容。
3. 了解各种进场材料及成品的验收工作要点。

多层轻钢厂房

4. 掌握事中及事后控制中的质量控制。

5. 了解施工过程中紧固件连接、钢零部件加工、钢构件预拼装和组装、钢结构安装等的监理工作要点。

6. 掌握钢结构分部工程竣工验收时，监理应要求承包商提供的文件和记录。

规范依据

1. 设计图纸及设计文件。
2. 监理合同及工程建设合同。
3. 《建设工程监理规范》(GB/T 50319—2013)。
4. 《钢结构工程施工质量验收规范》(GB 50205—2001)。
5. 《建筑工程施工质量验收统一标准》(GB 50300—2013)。

任务实施

一、监理工作流程

签订委托监理合同→组织项目监理机构→监理准备工作→施工准备工作的监理→召开第一次工地会议、施工监理交底会→《工程动工报审表》签署审批意见→施工过程监理→组织竣工验收→参加竣工验收，验收记录签字，签发《竣工移交证书》→监理资料归档→编写监理工作总结→承包单位提交工程保修书→监理向建设单位提交档案。

二、事前控制中的监理工作

1. 施工单位、专业分包单位资质的审查

由于钢结构工程专业性较强，对专业设备、加工场地、工人素质以及企业自身的施工技术标准质量保证体系的控制及检验要求较高，一般多是总包下的具有相应资质的专业承包单位施工，在这种情况下施工企业资质和管理水平相当重要。因此，资质审查是重要环节，其审查内容包括以下几项。

(1)施工资质经营范围是否满足工程要求。

(2)施工技术标准、质量保证体系、质量控制及检验制度是否满足工程设计技术指标要求。

(3)考察施工企业生产能力是否满足工程进度要求。

2. 焊工素质的审查

焊工必须经考试合格并取得合格证书，持证焊工必须在其考试合格项目及其认可范围施焊。

(1)检查数量：全数检查(现场人员)。

(2)检查方法：检查焊工合格证及其认可范围、有效期。

3. 图纸会审及技术准备

按监理规划中图纸会审程序，在工程开工前熟悉图纸，召集并主持设计、业主、监理和施工单位技术人员进行图纸会审，依据设计文件及其相关资料和规范，将施工图中错漏、不合理、不符合规范和国家建设文件规定之处解决在施工前。

协调业主、设计和施工单位针对图纸问题，确定具体的处理措施或设计优化。督促施工单位整理会审纪要，最后各方签字盖章确认后，分发各单位。

4. 施工组织设计（方案）审查

（1）督促施工单位按施工合同编制专项施工组织设计（方案），经其上级单位批准后，再报监理。

（2）经审查后的施工组织设计（方案），如在施工中需要变更施工方案（方法）时，必须将变更原因、内容报监理和建设单位，经审查同意后方可变动。

5. 原材料及成品进场验收监理工作控制要点

（1）核查本工程中使用的钢材、焊接材料、螺栓、栓钉等材料的外观质量及其质量证明资料。

（2）督促施工单位对型钢母材、代表性的焊接试件、螺栓等应按住房和城乡建设部《房屋建筑工程和市政基础设施工程实行见证取样和送检的规定》和规范要求进行见证取样、送检，并由试验单位出具有见证取样的合格试验报告。

（3）督促施工单位应合理地组织材料供应，满足连续施工需要，加强现场材料的运输、保管、检查验收等材料管理制度，做好防潮、防露、防污染等保护措施。

1) 钢材：应根据设计要求明确选用的钢种牌号、引用标准号、化学成分和物理性能指标。原材料供货方应提供完整的质保证书和材料试验报告。钢材、钢铸件的品种、规格、性能等应符合现行国家产品标准和设计要求。进口钢材的质量应符合设计和合同规定标准的要求。监理应要求钢结构承包商将质量合格证明文件、中文标志及检验报告等向监理报审，监理工程师全部进行检查。

2) 焊接材料：焊接材料的品种、规格、性能等应符合国家现行有关产品标准和设计要求。监理应要求钢结构承包商将质量合格证明文件、中文标志及检验报告等向监理报审，监理工程师全部进行检查。对重要钢结构采用的焊接材料应进行抽样复验。监理工程师应检查复验报告。

3) 连接用紧固标准件：钢结构工程常用的紧固件有高强度螺栓（分为大六角型和扭剪型）、普通螺栓、地脚螺栓、锚栓等紧固标准件，其品种、规格、性能等应符合国家现行有关产品标准和设计要求。监理应要求钢结构承包商将产品质量合格证明文件、中文标志及检验报告等向监理报审，监理工程师全部进行检查。

4) 焊接球：监理应要求承包商提供焊接球采用的原材料质量合格证明文件、中文标志及检验报告、焊接球的焊缝无损检验报告等。用卡尺和金属测厚仪抽查焊接球直径、圆度、壁厚减薄量等尺寸。

5) 螺栓球：监理应要求承包商提供螺栓球采用的原材料质量合格证明文件、中文标志及检验报告。用10倍放大镜检查螺栓球表面质量。抽查螺栓球螺纹尺寸、直径、圆度、相邻两螺栓孔中心线夹角等尺寸。

6）金属压型板：金属压型板、压型金属泛水板、包角板和零配件极其采用的原材料，其品种、规格、性能等应符合国家现行有关产品标准和设计要求。监理应要求承包商提供产品的质量合格证明文件、中文标志及检验报告。对压型金属板的规格尺寸偏差、表面及涂层质量进行抽查（可用10倍放大镜）。

7）涂装材料：监理应要求承包商提供产品的质量合格证明文件、中文标志及检验报告。钢结构防腐涂装用材料和防火涂料的品种和技术性能应符合设计要求，防火涂料应经过具有资质的检测机构检测符合国家现行有关标准的规定，并经当地消防管理部门确认。

8）钢结构工程原材料及成品的控制是保证工程质量的关键，也是控制要点之一，所有原材料及成品的品种规格、性能等应符合国家产品标准和设计要求，应全数检查产品的质量合格证明文件及检验报告等主控项目。

9）对本工程所用的焊接材料，应有完整的质量证明，并在使用前按说明书的要求进行烘焙。监理工程师应检查质量证明的有效性和焊材烘焙记录。检查焊工合格证书，包括考试合格项目是否能覆盖实际焊接内容、合格证是否在有效期内。检查焊接工艺评定报告项目是否覆盖本工程的所有接头。对于一级、二级焊缝必须进行超声波探伤。对于需进行焊前预热或焊后热处理的焊缝，在整个焊接过程中焊道间的温度不得低于预热温度，焊后及时进行后热处理。预热宽度在焊缝两侧不小于焊件厚度的1.5倍，且不应小于100 mm。

10）监理应对对接焊缝的余高、咬边、表面焊瘤、缩孔、角焊缝的焊角尺寸、咬边等表面质量进行不少于20%的检查，并做好检查记录。对于栓钉焊监理应检查其焊接工艺评定报告和瓷环烘焙记录。栓钉焊接后监理会同施工单位质检人员抽10%的同类构件（不少于10件），每件检查栓钉数量的1%，进行弯曲试验。弯曲30°角后用角尺和肉眼观察，栓钉四周应与焊接件完全熔合。

11）如焊接工艺评定有效，焊接材料质量证明文件齐全、焊缝表面质量满足规范要求，焊缝相关尺寸满足图纸要求，焊缝无损探伤合格，并有有效的探伤报告、栓钉焊弯曲试验合格且有检查报告，监理抽检合格，则钢结构焊接分项合格。

6. 例会

组织并参加每周召开一次由建设单位、施工单位、监理单位三方共同参加的工地例会，及时解决施工中的问题。

7. 钢结构工程准备工作具体控制要点

（1）根据《建筑工程施工质量验收统一标准》（GB 50300—2013）以及《钢结构工程施工质量验收规范》（GB 50205—2001）的规定，作为一个分部工程，又分为钢结构焊接、紧固件连接、钢零件及钢部件加工、钢构件组装、钢结构预拼装、钢结构安装工程、压型金属板、钢结构涂装等分项工程。

（2）检查焊工合格证及其认可范围、有效期。

（3）施工方对其首次采用的钢材、焊接材料、焊接方法、焊后热处理等，应进行焊接工艺评定，并应根据评定报告确定焊接工艺。监理方全数检查焊接工艺评定报告，按设计要求焊缝质量等级标准检查。

(4)钢构件安装前检查建筑物的定位轴线(开间尺寸和跨度尺寸)和标高、预埋件的规格及其紧固应符合设计要求。

(5)本工程柱上钢筋混凝土牛腿顶的预埋钢板直接作为钢构件的支承面时,其支承面的预埋钢板的位置允许偏差应符合规范的规定。

(6)钢构件应符合设计要求和规范的规定。运输、堆放和吊装等造成的钢构件变形及涂层脱落,应进行矫正和修补。

(7)钢构件的支承面要求同预埋钢板面顶紧接触面不应小于70%,且边缘最大间隙不应大于0.8 mm。

(8)涂装前钢材表面除锈应符合设计要求和国家现行标准的规定。处理后的钢材表面不应有焊渣、焊疤、灰尘、油污、水和毛刺等。

(9)涂料、涂装遍数、涂层厚度均应符合设计要求,其允许偏差为$-25\ \mu m$,每层干漆膜厚度的允许偏差为$-5\ \mu m$。

(10)构件表面不应误涂、漏涂、涂层不应脱皮和返锈等,涂层应均匀,无明显皱皮、流坠、针眼和气泡等。

(11)根据工程的实际情况和结构形式,确定每一分项工程检验批的划分。

1)钢结构焊接分项工程:对于本工程,每榀可作为一个检验批;也可按照不同的钢结构单体或构件类型结合钢结构制作及安装分项的检验批划分为若干个检验批。

2)紧固件连接分项工程:对于本工程,可根据不同钢结构单体,按照不同规格的紧固件进行检验批的划分。

3)钢零件及钢部件加工:钢零件及钢部件可按照不同的类型分为若干个检验批。

4)钢构件组装:对于大型钢结构,工厂制作的钢零部件在吊装前需进行拼装成钢构件作为吊装单元。由于构件组装要求较高,可根据现场实际情况几榀构件作为一个检验批。

5)钢结构预拼装:对于复杂形状的钢结构,为保证在高空安装时顺利组对,制作完成后需在地面进行相关构件之间的预拼装。检验批可按照同类构件之间的拼装作为一个检验批来进行划分。

6)钢结构安装:钢结构安装可分为单层钢结构安装分项或多层及高层钢结构安装分项。单层钢结构安装工程可按本工程分区划分成几个检验批。多层及高层钢结构安装工程可按楼层或施工段划分一个或若干个检验批。

7)压型金属板工程:压型金属板工程包括用于屋面、墙面、楼板等处的压型金属板。从材质上分包括表面镀防腐涂层的压型钢板、压型铝板等。可按变形缝、楼层、施工段或屋面、墙面、楼面等划分为一个或若干个检验批。

8)钢结构涂装工程:钢结构涂装工程包括防腐涂料涂装和防火涂料涂装。其检验批的划分可按钢结构制作或钢结构安装工程检验批的划分原则划分成一个或若干个检验批。

(12)分部工程质量验收内容和相应的合格标准应符合以下规定。

1)钢结构焊接、紧固件连接、钢零件及钢部件加工、钢构件组装、钢构件预拼装、钢结构安装、压型金属板、钢结构涂装等分项工程均应符合合格质量标准。

2)质量控制资料和文件应完整。

3)有关安全及功能的检验和见证检测结果应符合《钢结构工程施工质量验收规范》(GB 50205—2001)相应合格质量标准的要求。

三、事中及事后控制中的监理工作

1. 钢结构施工质量过程控制

钢结构施工应按下列规定进行质量过程控制。

(1)原材料及成品进行进场验收;凡涉及安全、功能的原材料及半成品,按相关规定进行复验,见证取样、送样。

(2)各工序按施工工艺要求进行质量控制,实行工序检验。

(3)相关各专业工种之间进行交接检验。

(4)隐蔽工程在封闭前进行质量验收。

2. 紧固件连接工程监理工作控制要点

(1)监理应见证高强度螺栓连接摩擦面的抗滑移系数试验,抗滑移系数应满足设计要求。监理在检查钢结构生产时,应注意钢结构的连接摩擦面的喷砂加工应达到已通过连接摩擦面的抗滑移系数试验的试板质量要求(高强度螺栓连接摩擦面的抗滑移系数与钢材的种类、表面处理所用的砂的种类、风压、喷砂的时间、试验前摩擦面的锈蚀程度均有关系。因此,钢结构制作单位必须对有代表性的进行抗滑移系数试验。试板的处理应与实际生产一致,规范要求每2 000 t钢结构应进行一组试验,每组试验需有六副试板,其中3副应在钢结构生产前进行试验,另3副应在钢结构高强度螺栓安装前进行复试,以验证高强度螺栓连接摩擦面抗滑移系数仍在规范或设计要求范围内。钢结构生产中如变换高强度螺栓连接摩擦面预处理场地,或变换处理方式,必须重新进行抗滑移系数试验)。

(2)高强度螺栓连接摩擦面的安装质量、高强度螺栓的施拧程序等分别进行不少于10%的检查。扭力扳手应经过标定,每班使用前及班后应对扭力扳手进行复查,并做好检查记录。终拧完成1 h后、48 h内监理应会同施工单位质检检查终拧扭矩。同时,检查螺栓丝扣外露应为2~3扣(允许10%的螺栓丝扣外露1扣或4扣)。(施工单位应准备两把扭力扳手,一把施工扳手,误差在5%以内,另外一把作为检测扳手,误差在3%以内。每班使用前及班后对施工扳手用检测扳手进行检测。高强度螺栓不可作为定位螺栓用,高强度螺栓初拧至终拧应在24 h内完成。高强度螺栓终拧扭矩检测应用检测扳手进行。)

(3)如高强度螺栓连接摩擦面抗滑移系数试验合格、高强度螺栓质量证明文件合格有效、终拧扭矩检查合格,监理抽检合格,则本紧固件连接分项合格。

3. 钢零部件加工工程监理工作控制要点

(1)检查钢材的切割下料质量,包括从切割面观察钢材的质量、用钢尺、塞尺等检查切割边的质量,应符合规范的规定。

(2)控制钢材、钢构件热矫形,加热温度不得大于900 ℃(热矫正工人通过加热区的颜色控制温度),严禁对低合金钢进行强制冷却(如浇水)。用游标卡尺或孔径量规抽查10%螺栓孔径以及孔壁质量,抽查螺栓孔孔距。

(3)钢结构承包商自检合格,监理抽检合格,则钢零件及钢部件加工工程分项合格。

4. 钢构件预拼装、组装工程监理工作控制要点

(1)应检查预拼装所用的支撑凳或钢平台稳固可靠,并检查其相对位置。检查钢构件

上的所有临时固定和拉紧装置是否拆除。监理现场采用试孔器抽查螺栓孔的穿孔率,并符合《钢结构工程施工质量验收规范》(GB 50205—2001)的规定。

(2)监理应要求钢结构制作单位按预拼装单元全数检查拼装尺寸,并符合《钢结构工程施工质量验收规范》(GB 50205—2001)的规定。

(3)对于焊接H型钢按规范要求抽查焊缝布置位置,翼缘板拼装焊缝和腹板拼接焊缝的间距不应小于200 mm。焊接H型钢尺寸偏差应符合规范的规定。

(4)用水准仪和钢尺检查吊车梁和吊车桁架不应下挠。

(5)钢结构组装的尺寸,监理应在拼装胎架上进行检查,对每个检验批将进行不少于10%的尺寸抽检,并做好检测记录。用0.3 mm塞尺检查顶紧面,塞入面积应不小于25%。

(6)如钢结构制作单位提交的尺寸检查报告合格,且监理抽检合格,则钢构件组装工程分项合格。

5. 钢结构安装监理工作控制要点

(1)钢结构安装监理工作控制一般规定。

1)认真熟悉施工图纸设计说明,明确设计要求,主持图纸会审和设计交底工作。

2)审查《钢结构加工制作及吊装》等专业施工方案。重点审查施工单位的组织质保体系,主要分项工程的施工方法、焊接要点和技术质量控制措施。

3)钢结构安装单位、施工人员及监督检查人员必须具有相应的资质,且应符合国家等有关规定。

4)钢结构安装单位应在施工现场建立《钢结构安装质量保证体系》,其主要成员应由相应资质人员担任,施焊人员应持有相应焊接位且有效期内的焊工合格证;进入现场的施工机械,应保证设备的完好率,同时,应具有相应的安全操作性能(如电焊机配备的电压表、电流表、塔式起重机的安全操作准运证等)。

5)钢结构构件及钢结构附件等进入现场后,按到货批次进行检验。

(2)钢结构制作质量控制要点。

1)督促施工单位实施场内制作机械加工,编制加工制作图,梁板接点应放大样校对,经检查确认后加工。

2)针对本工程的实际情况,督促施工总承包方专人负责对分包单位的生产管理和质量控制,如制作用尺、钢构件放样、切割、矫正、边缘加工、制孔(螺栓孔、穿钢筋孔、混凝土振捣孔等机械钻孔)、组装、工程焊接和焊接检验、除锈、编号等,并对首件制作进行重点监控。

3)对型钢(劲性)构件制作过程中不定期抽检,重点放在构件的母材的验收、复试、焊接试件的试验、焊接、焊缝的超声波探伤检验以及外观检验上。

4)对批量制作过程中出现的问题,应及时会同有关单位予以协调加以控制,确保构件的制作满足吊装的需要。

5)型钢构件制作的允许偏差应符合《钢结构工程施工质量验收规范》(GB 50205—2001)附录C钢构件组装的允许偏差的规定。

(3)钢结构构件储存、运输和验收的质量控制要点。

1)督促加工方将钢构件按照构件编号和安装顺序堆放,构件堆放时,应在构件之间加垫木。

2）检查加工方依据构件进场计划单安排运输，装车时应绑扎好，以避免构件变形，确保运输安全而进行控制。

3）劲性钢构件制作完成并经自检合格填写自检表和报验单并报验后按照钢结构制作和验收依据进行验收，同时检查文件是否齐全。

4）对各种钢构件进行100%检查。

5）所有劲性钢构件在加工厂的验收仅为初验，终验在吊装现场进行。

（4）劲性钢构件安装质量控制要点。

1）劲性钢构件进入施工场地必须进行以上检查验收。

2）督促施工方依据塔式起重机（或汽车吊）的位置和起重能力，确定构件堆放的位置，钢构件存放的场地应平整、坚实、无积水，钢构件按种类、型号、安装顺序分区堆放，钢构件的底层垫木应有足够的支承面，相同型号的钢构件叠放时，各层钢构件的支点应在同一直线上，以防止钢结构变形压坏。

3）构件安装吊点和绑扎方法，应保证钢结构不产生变形，正式吊装前应进行试吊。

4）对吊装过程实行操作工艺流程监控，上道工艺流程不符合验收要求条件，不得进入下一道工艺流程。

5）严格控制地脚螺栓和钢板埋设的精度，检查螺栓的预留长度及标高，位置必须符合图纸和规范要求，精确控制柱底面钢板的标高，以保证埋设的牢固性，并应采取相应的保护措施。

6）首层劲性钢柱安装前，复核基础混凝土的同条件试压块强度是否达到设计要求。并对钢柱的定位轴线和标高、地脚螺栓直径和伸出长度（钢板尺寸、高度）等进行检查验收，并对钢柱编号、外形尺寸、螺栓孔位置及直径等进行检查，确认符合设计图纸后，方可开始钢构吊装。

7）楼层段钢柱应按编号进行吊装，按图纸要求检查钢柱接头处连接板搭接、固定，复核柱顶标高和垂直度，符合要求后方可进行钢柱焊接。督促检查钢构件吊装过程中的质量通病，如钢柱位移、钢柱垂直度偏差超差、安装孔位偏移，构件安装孔不重合，螺栓穿不进等。

8）吊装前应对吊耳及有效焊缝进行检查，复核吊装用的钢丝绳吊点是否符合要求（柱子吊点为两侧）。

9）安装控制，当劲性钢骨架吊装就位后，底部紧固螺栓临时固定，再进行轴线对中，必须满足偏移小于3 mm，垂直度偏差严格控制在5 mm范围内。待调整合格后方可施焊，焊接前应该预热控制好温度。

10）检查钢梁吊装现场焊接的焊接顺序、焊接方法、焊接保护等。督促施工单位吊装及其焊接时应注意天气情况变化，如风、雨、潮湿以及阳光的照射的影响，并要求制定有预控措施。

11）对所用焊条要严格检查产品的质量证明书，焊条必须用干燥筒携带。焊接施工结束冷动24 h后，根据设计和规范要求，在监理的见证下焊缝进行超声波探伤。

12）型钢柱、梁连接件应采用焊接性能良好的材料制作，并保证和钢梁的焊接可靠。

13）在浇筑混凝土前，应控制引弧板、弧板加工临时控制变形的多余支撑割除，对临时扩孔(穿梁筋孔洞等)补偿工作加强检查,以消除质量隐患。

14)型钢构件安装的允许偏差应符合《钢结构工程施工质量验收规范》(GB 50205—2001)附录 E 钢结构安装的允许偏差的规定(表 E.0.5 多层及高层钢结构中安装的允许偏差)。

6. 钢屋架、钢桁架安装监理控制要点

(1)钢结构安装前监理采用经纬仪、水准仪、全站仪检查钢柱定位轴线和标高。检查数量不少于 10%。

(2)监理应检查设计要求顶紧的节点,检查内容为接触面不应小于 70%,边缘间隙不大于 0.8 mm。检查节点的数量大于 10%。

(3)对于安装好的钢屋架、柱,监理工程师可用吊线、拉线、经纬仪和钢尺进行检查。屋架跨中垂直度允许偏差为 $h/250$,且不应大于 15.0 mm;两立柱间屋架侧向弯曲矢高小于 1/1 000,且不大于 10.0。主体结构的整体垂直度和整体平面弯曲的允许偏差应符合如下要求:整体垂直度允许偏差为 $H/1\ 000$,且不大于 25.0 mm,整体平面弯曲 $L/1\ 500$,且不大于 25.0 mm。

(4)通过激光经纬仪、全站仪检查多层及高层钢结构主体结构的整体垂直度($H/2\ 500+10.0$)且不大于 50.0 mm,整体平面弯曲的允许偏差 $L/1\ 500$,且不大于 25.0 mm。

(5)监理在钢结构安装时应进行旁站监理,主要控制构件的中心线、标高基准点等标记、钢构件安装时的定位轴线对齐质量、钢构件表面的清洁度等。

(6)如钢构件出厂合格证齐全;高强度螺栓连接施工完成并经监理检验合格,则本分项工程合格。

(7)钢桁架安装质量控制要点。

1)钢桁架制作严格按照设计图纸及《钢结构工程施工质量验收规范》(GB 50205—2001)的规定进行。H 型钢焊接制作时应采取反变形措施,并且应分段按序焊接,焊接材料选用 J507 焊条。钢结构制作时切割采用半自动切割,用砂轮机对切割面进行倒角工作,以确保油漆及防火涂料的附着程度。钢结构的连接螺栓孔采用机械制孔,钻孔的精度必须符合规范及安装要求。高强度螺栓连接摩擦面的处理先采用人工除浮锈再喷砂处理。摩擦面的摩擦系数及高强度螺栓的试验按规范进行。

2)钢桁架安装前,检验基础标高、钢结构安装几何尺寸,各部分间隙对照图纸要求。按照施工图纸及规范严格验收,合格后方可进行下一步工作。

3)在安装场地对制作好的钢结构进行预组装,校核尺寸无误后开始安装工作。

4)由于钢桁架的跨度大,起吊时应防止结构变形。钢桁架的安装采用 50 t 吊车采用多吊点对称吊装前施工方法,进行吊装工作。

5)高强度螺栓的施工采用扭矩法施工,高强度螺栓的初拧及终拧均采用电动扭力扳手进行。扭矩值必须达到设计要求及规范的规定。不得出现漏拧、过拧等现象。

6)焊接质量的验收等级:钢架及主柱的拼接焊缝、坡口焊缝及吊车梁的对接焊缝按《钢结构工程施工质量验收规范》(GB 50205—2001)中一级焊缝检验,其他焊缝均按二级焊缝标准检验。

7)钢梁柱受力后,不得随意在其上焊接连接件,焊接连接件必须在构件受力及高强度螺栓终拧前完成。

8）钢结构完成后，进行压型钢板檩条的安装工作，檩条的安装必须注意横平竖直，压型钢板在以上工作完成后进行安装。压型钢板及檩条必须严格按照图纸进行安装工作。

7. 钢结构涂装工程监理工作控制要点

（1）监理工程师首先对钢构件表面喷砂除锈质量进行检查，包括表面粗糙度是否达到涂装要求，监理检测量不少于10%的构件量。其允许偏差为25 μm。

（2）对面漆（防火涂料）的涂装。监理应检查中间漆已完全固化，每100 t或不足100 t的薄涂型防火抽检应抽检一次粘结强度。防火涂料的厚度检测量不少于10%的构件量。每个构件检测5处，每处的数值为3个相距50 mm测点涂层干漆膜厚度的平均值。防火涂料厚度应满足耐火极限的设计要求。

（3）如施工单位提交的涂料质保书合格有效，规范规定的粘结强度试验报告齐备，涂层厚度检测报告完整合格，监理抽检合格，则本分项工程合格。

8. 其他注意事项

（1）审查钢结构专业设计单位的设计资质，钢结构图纸是钢结构工程施工的重要文件，是钢结构工程施工质量验收的基本依据，设计的钢结构施工图纸须经总设计单位的签证认可。

（2）对从事钢结构工程的施工单位资质和质量管理内容进行检查验收。对常规的钢结构工程检查内容主要有：质量管理制度和质量检验制度、施工技术企业标准、专业技术管理和专业工种岗位证书、施工资质和分包资质、施工组织设计（施工方案）、检验仪器设备及计量设备等。

（3）钢板的厚度、型钢的规格、尺寸是影响承载力的主要因素，进场验收时，应重点抽检钢板厚度和型钢规格、尺寸。审核施工单位报审的原材料、成品的质量保证资料、原材料的合格证书、构件出厂合格证，规范规定原材料有下列情况之一的，应进行扫样复验。进行复验时，监理应参加见证取样。

1）国外进口钢材。

2）钢材混批。

3）板厚等于或大于40 mm，且设计有Z向性要求的厚板。

4）建筑结构安全等级为一级，大跨度钢结构中主要受力构件所采用的钢材。

5）设计有复验要求的钢材。

6）对质量有疑义的钢材。

（4）焊接材料对焊接质量影响重大，采用的焊接材料应按设计要求选用，并应符合国家现行标准。对于外观不符合要求的焊接材料，不应在工程中使用。

（5）涂料的进场验收除检查资料文件外，还要开桶抽查，除检查涂料结皮、结块、凝胶等现象外，还要与质量证明文件对照涂料的型号、名称、颜色及有效期等。

（6）为保证工程焊接质量，必须在构件制作和结构安装施工焊接前进行焊接工艺评定，并根据焊接工艺评定的结果制定相应的施工焊接工艺规范。

（7）焊接H型钢、翼缘板不应再纵向拼接缝，只允许长度拼接，而腹板则长度、宽度均可拼接，但翼缘板或腹板接缝应错开200 mm以上。

（8）为了检验其制作的整体性，钢构件在出厂前应进行工厂拼装，预拼装均应在工厂支承凳进行。支承凳或平台应测量找平,且预拼装时不应使用大锤锤击,检查时应拆除全部临时固定和拉紧装置。

(9)钢结构安装前应审查安装起吊施工方案。

(10)钢结构安装检验批,应在进场验收和焊接连接、紧固件连接制作等分项工程验收合格的基础上进行验收。

(11)安装偏差的检测,应在结构形成空间刚度单元亦连接固定后进行。

(12)安装时,必须控制屋面、平台等的施工荷载。

(13)钢结构安装工程质量应从原材料质量和构件质量抓起,不但要严格控制构件制作质量,而且要控制构件运输、堆放和吊装质量。采取切实可靠的措施,防止构件在上述过程中变形或脱漆。如不慎构件产生变形或脱漆,应矫正或补漆后再安装。

(14)在施工单位自检合格的基础上,检验钢结构工程施工质量的验收记录。本工程中的钢结构属于子分部工程,按照检验批、分项工程、子分部工程进行验收。

(15)有关钢结构观感质量,应符合规范相应合格质量标准的要求。

四、监理文件和检查记录

钢结构分部工程竣工验收时,监理应要求承包商提供下列文件和记录。
(1)施工现场质量检查记录。
(2)有关安全及功能的检验和见证检测项目检查记录。
(3)有关观感质量检验项目检查记录。
(4)分部工程所含各分项工程质量验收记录。
(5)分项工程所含各检验批质量验收记录。
(6)强制性条文检测项目检查记录及证明文件。
(7)隐蔽工程检验项目检查记录。
(8)原材料、成品质量合格证明文件、中文标志及性能检测报告。
(9)不合格项的处理记录及验收记录。
(10)重大质量、技术问题实施方案及验收记录。
(11)其他有关文件和记录。

想一想练一练:

1. 简述钢结构监理工作流程。
2. 简述施工单位、专业分包单位资质的审查内容。
3. 简述图纸会审及技术准备过程中监理的工作。
4. 简述原材料及成品进场验收时的监理工作。
5. 简述钢结构施工中监理进行质量过程控制的规定。
6. 钢结构安装监理工作控制要点有哪些?
7. 简述钢结构分部工程竣工验收时,监理应要求承包商提供的文件和记录。

任务六 屋面工程监理员的工作及相关内容

任务目标

1. 熟悉屋面工程的监理工作流程。
2. 掌握施工单位、专业分包单位资质审查内容。
3. 了解施工方案及材料检查内容。
4. 熟悉各个构造的要求规定内容。
5. 了解监理在施工过程中的一般规定。
6. 掌握屋面防水工程验收时,施工单位需提供的资料。

规范依据

1.《建设工程监理规范》(GB/T 50319—2013)。
2.《屋面工程质量验收规范》(GB 50207—2012)。
3.《建筑工程冬期施工规程》(JGJ/T 104—2011)。
4.《建筑工程施工质量验收统一标准》(GB 50300—2013)。

任务实施

屋面规划应根据建筑物的性质、重要程度、使用功能要求,按不同屋面防水等级进行设防。屋面防水等级和设防要求应符合现行国家标准《屋面工程技术规范》(GB 50345—2012)的有关规定。屋面防水工程施工图如图3-11所示。

图3-11 屋面防水工程施工图

一、监理工作流程

屋面工程监理工作流程如图 3-12 所示。

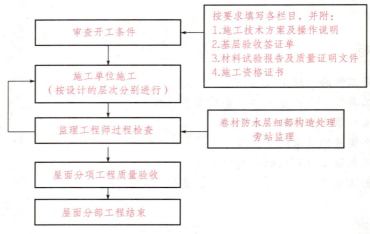

图 3-12 屋面工程监理工作流程图

监理对屋面工程的控制,应按事前(施工准备)、事中及事后(施工过程及验收)进行。

二、事前控制中的监理工作

1. 施工单位、专业分包单位资质的审查

由于屋面工程的防水、保温专业性较强,对专业设备、加工场地、工人素质以及企业自身的施工技术标准质量保证体系的控制及检验要求较高,一般多是总包下的专业分包工程,应审查:

(1)施工单位的建筑防水和保温工程相应等级的资质证书。

(2)作业人员的上岗资格证书。

2. 施工方案及材料检查

(1)监理单位或建设单位应审查施工单位编制的屋面工程专项施工方案,并在确认后执行。

(2)屋面工程所用的防水、保温材料应有产品合格证书和性能检测报告,材料的品种、规格、性能等必须符合国家现行产品标准和设计要求。

(3)监理工程师应对施工单位在采购主要施工材料、设备、构配件前提供的样品和有关订货厂家等资料进行审核,在确认符合质量控制要求后书面通报业主,在征得业主同意后方可由总监理工程师签署《工程材料/构配件/设备报审表》。材料、设备到货后应及时复核出厂合格证、有关设备的技术参数资料,并对材料进行见证取样复试。

1)防水屋面所采用的防水、保温隔热材料应有产品合格证书和性能检测报告,材料的

品种、规格、性能等应符合国家现行产品标准和设计要求。材料进场后，应按规定抽检复验，并提出复验报告；不合格的材料，不得在屋面工程中使用。

2）找平层的材料质量及配合比，必须符合设计要求。

3）通过检查保温材料的出厂合格证、质量检验报告和现场抽样复验报告，其表观密度、导热系数以及板材的吸水率，必须符合设计要求。保温层的含水率必须符合设计要求。

4）卷材防水层所用卷材及其配套材料，必须符合设计要求。卷材厚度不应小于3 mm。卷材防水层选用的基层处理剂、接缝胶粘剂、密封材料等配套材料应与铺贴的卷材材性相容。

（4）施工机械、设备的质量控制。对工程质量有重大影响的施工机械、设备，应审查其设备的选型是否恰当；审查提供的技术性能的报告中所表明的机械性能是否满足质量要求和适合现场条件；凡不符合质量要求的不能使用。

三、事中及事后控制中的监理工作

1. 一般规定

（1）监理应要求施工单位严格按照批准的屋面工程施工组织设计（方案）组织施工。在施工过程中，当施工单位对已批准的施工组织设计进行调整、补充或变动时，应重新进行报审，经监理工程师审核同意后，再交施工单位执行。

（2）监理应按质量计划目标要求，督促施工单位加强施工工艺管理，认真执行工艺标准和操作规程，以提高项目质量稳定性；加强工序控制，对隐蔽工程实行验收签证制，对关键部位构造柱混凝土浇筑进行旁站监理、中间检查和技术复核，防止质量隐患。检查施工单位是否严格按照现行国家施工规范和设计图纸要求进行施工。监理工程师应经常深入现场检查施工质量，如发现有不按照规范和设计要求施工而影响工程质量时，应及时向施工单位负责人提出口头或书面整改通知，要求施工单位整改，并检查整改结果。

（3）监理在接到隐蔽工程报验单后应及时派监理工程师做好验收工作（但应事先确保施工单位在提交隐蔽工程验收单前已认真做好自检工作）。在验收过程中如发现施工质量不符合设计要求，应以整改通知书的形式通知施工单位，待其整改后重新进行验收隐蔽工程，并经监理工程师签认隐蔽工程申请表。未经验收合格，施工单位严禁进行下一道工序施工。

（4）组织现场质量协调会。及时分析、通报工程质量状况，并协调解决有关单位对施工质量有交叉影响界面问题，明确各自的职责，使项目建设的整体质量达到规范、设计和合同的要求。

（5）做好有关监理资料的原始记录整理工作，并对监理工作音像资料加强收集和管理，保证音像资料的正确性、完整性和说明性。必要时可以拍成音像资料保存，所反映的具体部位有：①设置监理旁站点的部位；②隐蔽工程验收；③新工艺、新技术、新材料、新设备的试验、首件样板以及重要施工过程；④施工过程中出现的严重质量问题及质量事故处理过程；⑤每周或每月的施工进度。

（6）屋面工程施工时，应建立各道工序的自检、交接检验和专职人员检查的"三检"制度，并有完整的检查记录。每道工序完成，应经监理单位检查验收，合格后方可进行下道工序的施工。

(7)当下道或相邻工程施工时，对屋面已完成的部分应采取保护措施。

(8)伸出屋面的管道、设备或预埋件等，应在防水层施工前安设完毕。屋面防水层完工后，不得在其上凿孔打洞或重物冲击。

(9)屋面防水工程完工后，应按有关规定对细部构造、接缝、保护层等进行外观检验，并应进行淋水或蓄水检验。

(10)屋面的保温层和防水层严禁在雨天、雪天和五级风及其以上时施工。施工环境气温采用冷粘法不低于 5 ℃。

2. 卷材防水屋面找平层事中控制

(1)基层与突出屋面结构(女儿墙、山墙、天窗壁、变形缝、烟囱)等交接处和基层的转角处，找平层均应做成圆弧形，圆弧半径为 50 mm。内部排水的水落口周围，找平层应做成略低的凹坑。

(2)找平层宜设分格缝，并嵌填密封材料。分隔缝应留设在板端缝处，其纵横缝的最大间距不宜大于 6 m。

(3)水泥砂浆找平层应平整、压光，不得有酥松、起砂、起皮现象。

3. 卷材防水屋面保温层事中控制

(1)板状材料保温层的基层应平整、干燥和干净。

(2)板状保温材料应紧靠在保温的基层表面上，并应铺平垫稳。

(3)分层铺设的板块上下层接缝应相互错开；板间缝隙应采用同类材料的碎屑嵌填密实。

(4)粘贴的板状保温材料应贴严、粘牢。

4. 卷材防水屋面卷材防水层事中控制

(1)铺设防水层前，基层必须干净、干燥。

(2)卷材铺贴方向应符合规定：卷材宜平行屋脊铺贴；上下层卷材不得相互垂直铺贴。

(3)铺贴卷材采用搭接法时，上下层及相邻两幅卷材的搭接缝应错开。卷材搭接宽度长短边均为 100 mm。

(4)冷粘法铺贴卷材应符合下列规定。

胶粘剂涂刷应均匀，不应露底，不应堆积。根据胶粘剂的性能，应控制胶粘剂涂刷与卷材铺贴的间隔时间。铺贴的卷材下面的空气应排净，并应辊压粘结牢固。铺贴卷材应平整顺直，搭接尺寸正确，不得扭曲、皱折。接缝口应用密封材料封严，宽度不应小于 10 mm。

(5)天沟、檐沟、檐口、泛水和立面卷材收头的端部应裁齐，塞入预留凹槽内，用金属压条钉压固定，最大钉距不应大于 900 mm，并用密封材料嵌填封严。

(6)卷材防水层完工并经验收合格后，应做好成品保护。保护层的施工应符合下列规定：

块体材料保护层应留设分格缝，分格面积不宜大于 100 m^2，分格缝宽度不宜小于

20 mm。刚性保护层与女儿墙、山墙之间应预留宽度为 30 mm 的缝隙，并用密封材料嵌填严密。

5. 细部构造事中控制

（1）卷材在天沟、檐沟与屋面交接处、泛水、阴阳角等部位，应增加卷材附加层。

（2）天沟、檐沟的防水构造应符合下列要求。

沟内附加层在天沟、檐沟与屋面交接处宜空铺，空铺的宽度不应小于 200 mm。卷材防水层应由沟底翻上至沟外檐顶部，卷材收头应用水泥钉固定，并用密封材料封严。

（3）檐口的防水构造应符合下列要求。

铺贴檐口 800 mm 范围内的卷材应采取满粘法。卷材收头应压入凹槽，采取金属压条钉压，并用密封材料封口。檐口下端应抹出鹰嘴和滴水槽。

（4）女儿墙泛水的防水构造应符合下列要求。

铺贴泛水处的卷材应采取满粘法。卷材收头应采取金属压条钉压，并用密封材料封严。

（5）水落口的防水构造应符合下列要求。

水落口杯上口的标高应设置在沟底的最低处。防水层贴入水落口杯内不应小于 50 mm。水落口周围直径 500 mm 范围内的坡度不应小于 5%，并用密封材料封严。水落口杯与基层接触处应留宽 20 mm、深 20 mm 凹槽，并嵌填密封材料。

（6）变形缝的防水构造应符合下列要求。

变形缝的泛水高度不应小于 250 mm。防水层应铺贴到变形缝两侧墙体的上部。变形缝内应填充聚苯乙烯泡沫塑料，上部填放衬垫材料，并用卷材封盖。变形缝顶部应加扣金属盖板。

（7）伸出屋面管道的防水构造应符合下列要求。

管道根部直径 500 mm 范围内，找平层应抹出高度不小于 30 mm 的圆台。管道周围与找平层之间，应预留 20 mm×20 mm 的凹槽，并用密封材料嵌填严密。管道根部四周应增设附加层，宽度和高度均不应小于 300 mm。管道上的防水层收头处应用金属箍紧固，并用密封材料封严。

6. 验收时的监理控制

（1）验收合格应符合下列要求。

1）防水层不得有渗漏或积水现象。

2）使用的材料应符合设计要求和质量标准的规定。

3）找平层表面应平整，不得有酥松、起砂、起皮现象。

4）保温层的厚度、含水率和表观密度应符合设计要求。

5）天沟、檐沟、泛水和变形缝等细部构造，应符合设计要求。

6）卷材铺贴方法和搭接顺序应符合设计要求，搭接宽度正确，接缝严密，不得有皱折、鼓包和翘边现象。

（2）检查屋面有无渗漏、积水和排水系统是否畅通，应在雨后或持续淋水 2 h 后进行。有可能做蓄水检验的屋面，其蓄水时间不应小于 24 h。

（3）隐蔽工程验收记录应包括以下主要内容。

1) 卷材防水层的基层。
2) 密封防水处理部位。
3) 天沟、檐沟、泛水和变形缝等细部做法。
4) 卷材防水层的搭接宽度和附加层。
5) 刚性保护层与卷材防水层之间设置的隔离层。

四、施工单位提交的文件和记录

屋面防水工程验收时，监理应要求施工单位提交下列文件和记录。
（1）设计图纸及会审记录、设计变更通知单和材料代用核定单。
（2）施工方法、技术措施和质量保证措施。
（3）技术交底记录。
（4）材料出厂合格证、质量检验报告和试验报告。
（5）分项工程质量验收记录、隐蔽工程验收记录、施工检验记录、淋水或蓄水检验记录。
（6）施工日志。
（7）工程检验记录。
（8）事故处理报告、技术总结等其他技术资料。

> **想一想练一练：**
> 1. 简述屋面工程的监理工作流程。
> 2. 简述施工单位、专业分包单位资质审查内容。
> 3. 监理资料的原始记录整理工作中，哪些部位可以拍下音像资料保存？
> 4. 隐蔽工程验收过程中如发现施工质量不符合设计要求，监理应如何做？
> 5. 简述卷材防水屋面保温层的控制内容。
> 6. 简述卷材防水屋面卷材防水层控制内容。
> 7. 屋面工程验收合格的要求有哪些？
> 8. 隐蔽工程验收记录应包括哪些内容？
> 9. 简述屋面防水工程验收时，监理应要求施工单位提交的文件和记录。

项目四 装饰工程中的监理员工作

装饰工程是用建筑材料及其制品或用雕塑、绘画等装饰性艺术品,对建筑物室内外进行装潢和修饰的工作总称。装饰工程包括室内外抹灰工程、饰面安装工程和玻璃、油漆、粉刷、裱糊工程三大部分。装饰工程不仅能增加建筑物的美观和艺术形象,且有隔热、隔音、防潮的作用。还可以保护墙面,提高围护结构的耐久性。装饰材料的发展很快,应大力发展新型的装饰材料,尽可能减少湿作业,以加快施工速度和降低劳动量消耗的目的,树立"绿水青山就是金山银山"的理念。

装饰工程应符合下列规定。

(1)承担建筑装饰装修工程施工的单位应具备相应的资质,并应建立质量管理体系。施工单位应编制施工组织设计并应经过审查批准。施工单位应按有关的施工工艺标准或经审定的施工技术方案施工,并应对施工全过程实行质量控制。

(2)承担建筑装饰装修工程施工的人员应有相应岗位的资格证书。

(3)建筑装饰装修工程施工中,严禁违反设计文件擅自改动建筑主体、承重结构或主要使用功能;严禁未经设计确认和有关部门批准擅自拆改水、暖、电、燃气、通讯等配套设施。

(4)施工单位应遵守有关环境保护的法律、法规,并应采取有效措施控制现场的各种粉尘、废气、废弃物、噪声、振动等对周围环境造成的污染和危害。

(5)施工单位应遵守有关施工安全、劳动保护、防火和防毒的法律、法规,应建立相应的管理制度,并应配备必要的设备、器具和标识。

(6)建筑装饰装修工程应在基体或基层的质量验收合格后施工。对既有建筑进行装饰装修前,应对基层进行处理并达到规范的要求。

(7)建筑装饰装修工程施工过程中应做好半成品、成品的保护,防止污染和损坏。

任务一 抹灰工程监理员的工作及相关内容

任务目标

1. 熟悉抹灰工程监理的规范依据。
2. 熟悉抹灰工程的检验批的划分规定。

3. 掌握监理在抹灰工程施工中的检查内容。
4. 熟悉抹灰工程监理工作流程。
5. 熟悉抹灰工程施工前的监理工作。
6. 理解抹灰工程的一般规定。
7. 掌握抹灰工程验收的主控项目内容，学会检查施工质量。
8. 熟悉抹灰工程验收的一般项目内容，学会检查施工质量。
9. 掌握验收时的资料管理。

规范依据

1. 本工程建设监理合同和施工合同。
2. 《建设工程监理规范》(GB/T 50319—2013)。
3. 《建筑装饰装修工程质量验收标准》(GB 50210—2018)。
4. 《住宅工程质量通病控制标准》(DGJ32/J16—2014)。

任务实施

室内抹灰施工图如图 4-1 所示。

混凝土墙面
一般抹灰

图 4-1　室内抹灰施工图

一、知识准备

1. 检验批划分

（1）相同材料、工艺和施工条件的室外抹灰工程每 500~1 000 m² 应划分为一个检验批，不足 500 m² 也应划分为一个检验批。

（2）相同材料、工艺和施工条件的室内抹灰工程每 50 个自然间（大面积房间和走廊按抹灰面积 30 m² 为一间）应划分为一个检验批，不足 50 间也应划分为一个检验批。

2. 检查数量

（1）室内每个检验批至少抽查 10%，并不得少于 3 间；不足 3 间时应全数检查。
（2）室外每个检验批每 100 m² 应至少抽查一处，每处不得小于 10 m²。

3. 监理在抹灰工程中的检查

（1）工程文件和记录包括：
1）抹灰工程的施工图、设计说明及其他设计文件。

2）材料的产品合格证书、性能检测报告、进场验收记录和复验报告。
3）隐蔽工程验收记录。
4）施工记录。
（2）水泥的凝结时间和安定性进行复验的见证取样。
（3）隐蔽工程项目进行验收，采用检查施工记录、用小锤轻击检查、观察等方法。
1）抹灰总厚度大于或等于35 mm时的加强措施。
2）不同材料基体交接处的加强措施。
3）室内墙面、柱面和门洞口的阳角做法。
（4）抹灰层的养护及凝结后防止粘污和损坏抹灰层的措施

4. 一般抹灰工程的表面质量

（1）普通抹灰表面应光滑、洁净、接槎平整，分格缝应清晰。
（2）高级抹灰表面应光滑、洁净、颜色均匀、无抹纹，分格缝和灰线应清晰、美观。
（3）护角、孔洞、槽、盒周围的抹灰表面应整齐、光滑；管道后面的抹灰表面应平整。
（4）抹灰层的总厚度应符合设计要求；水泥砂浆不得抹在石灰砂浆层上；罩面石膏灰不得抹在水泥砂浆层上。抹灰分格缝的设置应符合设计要求；宽度和深度应均匀，表面应光滑，棱角应整齐。

有排水要求的部位应做滴水线（槽）。滴水线（槽）应整齐顺直，滴水线应内高外低，滴水槽的宽度和深度均不小于10 mm。

二、监理工作流程

抹灰工程监理工作流程如图4-2所示。

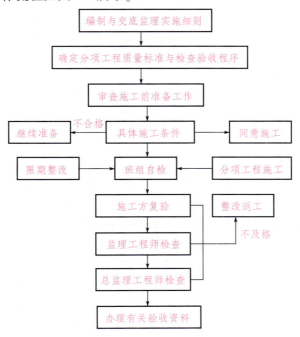

图4-2　抹灰工程监理工作流程图

三、事前控制中的监理工作

（1）抹灰工程进行前，结构工程必须经监理工程师、政府建设主管的质量监督部门验收合格。

（2）抹灰前应督促承包单位做好以下检查和修正。

1）检查门窗框位置是否正确，与墙连接是否牢固水泥砂浆或水泥混合砂浆分层嵌塞密实，木门口要用薄钢板或木板保护。

2）过梁、梁垫、圈架、组合柱及其他需抹面部分剔平、对混凝土蜂窝、麻面、露筋等处应剔到实处，做好修补。

3）管道穿越的墙洞、脚手眼、模板洞和楼板洞用相应的材料嵌实。

4）各种管道已安装完毕，电线管、消火栓箱、配线盒用纸堵严。

（3）所采购和进入施工现场的材料已正式报验，色泽、质量，除应有产品合格证外，还应自检和经监理工程师认可。

（4）大面积抹灰前应先做样板间，经鉴定合格和确定施工方案后再安排正式施工（在样板间基础上修订完善工艺做法，做好技术交底和技术培训）。

四、事中及事后控制中的监理工作

1. 一般规定

（1）检查处理基层上的残余砂浆、灰尘、污垢和油渍应清理"毛化处理"，基层面必须充分淋水润透（一般应在抹灰前一天进行一天浇两遍，砖墙渗水深度达 8~10 mm）。

（2）基层垂直宽、平整度较差，抹灰厚度局部应分层衬平（每遍厚度宜为 7~9 mm）。

（3）外墙抹灰工程施工前应先安装钢木门窗框、护栏等，并应将墙上的施工孔洞堵塞密实。

（4）当要求抹灰层具有防水、防潮功能时，应采用防水砂浆。

（5）抹灰用的石灰膏的熟化期不应少于 15 d；罩面用的磨细石灰粉的熟化期不应少于 3 d。

（6）室内墙面、柱面和门洞口的阳角做法应符合设计要求。设计无要求时，应采用 1∶2 水泥砂浆做暗护角，其高度不应低于 2 m，每侧宽度不应小于 50 mm。

（7）各种砂浆抹灰层，在凝结前应防止快干、水冲、撞击、振动和受冻，在凝结后应采取措施防止粘污和损坏。水泥砂浆抹灰层应在湿润条件下养护。

（8）外墙和顶棚的抹灰层与基层之间及各抹灰层之间必须粘结牢固。

（9）注意巡视成活后的质量，及时发现不合格的部位联系处理，必要时以书面通知提出修改意见。

（10）冬期施工时，不能在冻结的基层上施工（最好不做抹灰工程），室外作业时砂浆温度亦不宜低于 5 ℃，防止冻害发生（为了防止受冻，砂浆内不宜掺入白灰膏）。

（11）注意成品保护和湿润养护。

2. 抹灰工程质量验收

一般抹灰工程可分为普通抹灰和高级抹灰。当设计无要求时，按普通抹灰验收。

（1）主控项目。

1）通过检查施工记录，检查抹灰前基层表面的尘土、污垢、油渍等是否已清除干净，并洒水润湿。

2）通过检查产品合格证书、进场验收记录、复验报告和施工记录，检查所用材料的品种和性能是否符合设计要求；水泥的凝结时间和安定性复验是否合格；砂浆的配合比是否符合设计要求。

3）通过检查隐蔽工程验收记录和施工记录，检查抹灰工程的分层施工。当抹灰总厚度大于或等于 35 mm 时，应采取加强措施，不同材料基体交接处表面的抹灰，应采取防止开裂的加强措施，当采用加强网时，加强网与各基体的搭接宽度不应小于 100 mm。

4）通过观察、用小锤轻击、施工记录，检查抹灰层与基层之间及各抹灰层之间是否粘结牢固，抹灰层有无脱层、空鼓，面层有无爆灰和裂缝。

（2）一般项目。

1）通过观察、手摸，检查普通抹灰表面是否光滑、洁净、接槎平整，分格缝是否清晰；高级抹灰表面是否光滑、洁净、颜色均匀、是否有抹纹，分格缝和灰线是否清晰、美观。

2）通过观察，检查护角、孔洞、槽、盒周围的抹灰表面是否整齐、光滑；管道后面的抹灰表面是否平整。

3）通过检查施工记录，检查抹灰层的总厚度是否符合设计要求，水泥砂浆不得抹在石灰砂浆层上，罩面石膏灰不得抹在水泥砂浆层上。

4）通过观察、尺量，检查抹灰分格缝的设置是否符合设计要求，宽度和深度是否均匀，表面是否光滑，棱角是否整齐。

5）通过观察、尺量，检查有排水要求的部位是否已做滴水线（槽）。滴水线（槽）应整齐顺直，滴水线应内高外低，滴水槽的宽度和深度均不应小于 10 mm。

6）一般抹灰的允许偏差和检验方法见表 4-1。

表 4-1　一般抹灰的允许偏差和检验方法

项次	项目	允许偏差/mm		检验方法
		普通抹灰	高级抹灰	
1	立面垂直度	4	3	用 2 m 垂直检测尺检查
2	表面平整度	4	3	用 2 m 靠尺和塞尺检查
3	阴阳角方正	4	3	用直角检测尺检查
4	分格条（缝）直线度	4	3	拉 5 m 线，不足 5 m 拉通线，用钢直尺检查
5	墙裙、勒脚上口直线度	4	3	拉 5 m 线，不足 5 m 拉通线，用钢直尺检查

五、抹灰工程验收规定

(1) 抹灰工程应对下列隐蔽工程项目进行验收。
1) 抹灰总厚度大于或等于 35 mm 时的加强措施。
2) 不同材料基体交接处的加强措施。
(2) 抹灰工程验收时应检查下列文件和记录。
1) 抹灰工程的施工图、设计说明及其他设计文件。
2) 材料的产品合格证书、性能检测报告、进场验收记录和复验报告。
3) 隐蔽工程验收记录。
4) 施工记录。

> **想一想练一练：**
> 1. 抹灰工程监理的规范依据有哪些？
> 2. 简述抹灰工程的检验批的划分规定。
> 3. 抹灰工程中需要对哪些隐蔽工程项目进行验收？
> 4. 一般抹灰工程的表面质量应符合哪些规定？
> 5. 抹灰工程施工前的监理工作有哪些？
> 6. 简述抹灰工程验收的主控项目内容。
> 7. 一般抹灰的允许偏差检查项目有哪些？如何检验？
> 8. 抹灰工程验收时应检查哪些文件和记录？

任务二　门窗工程监理员的工作及相关内容

任务目标

1. 熟悉门窗工程监理依据。
2. 熟悉门窗工程施工前监理工作内容。
3. 掌握门窗工程检验批划分规定。
4. 熟悉门窗工程验收主控项目内容及方法。
5. 了解门窗工程验收一般项目内容及方法。
6. 掌握需验收的隐蔽工程及复验的材料性能指标，并学会填写隐蔽工程验收记录。
7. 掌握门窗工程验收时，监理员应检查的文件和需要做的记录。

8. 熟悉工序交接检查、隐蔽工程检查、检验批的质量验收、质量报告制度的做法规定。
9. 掌握监理过程中可能形成的文件。

规范依据

1. 工程监理合同。
2. 建设工程质量管理条例。
3. 业主与承包商签订的工程承包合同。
4. 《建设工程监理规范》(GB/T 50319—2013)。
5. 《建筑玻璃应用技术规程》(JGJ 113—2015)。
6. 《建筑工程施工质量验收统一标准》(GB 50300—2013)。
7. 《建筑装饰装修工程质量验收标准》(GB 50210—2018)。
8. 《铝合金门窗工程设计、施工及验收规范》(DBJ 15-30—2002)。
9. 《民用建筑工程室内环境污染控制规范(2013版)》(GB 50325—2010)。
10. 《建设工程文件归档整理规范》(GB/T 50328—2014)。

任务实施

门窗安装工程施工现场如图 4-3 所示。

图 4-3 门窗安装工程施工现场图

一、门窗工程监理工作流程

门窗工程监理工作流程如图 4-4 所示。

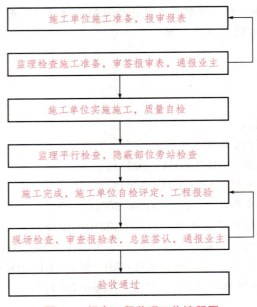

图 4-4 门窗工程监理工作流程图

二、事前控制中的监理工作

（1）熟悉本专业的施工图纸，对门窗设计计算书进行分析，掌握该部分的监理工作和工程施工质量的预控要求。

（2）核查该部分设计图纸是否经项目设计单位的审核确认，对门窗的安全保证进行审查。

（3）审查《门窗工程施工方案》，提出审查意见，重点是预防渗漏的质保措施，督促修改和完善。

（4）审查施工单位编制的《工程施工材料计划》，依据国家有关质量标准和设计要求，严格控制主要材料/构配件的质量。检查并审阅材质证明和报告。

1）工程材料/构配件及需提交的样品，需经建设单位、专业监理工程师审查，经同意后，方可订货。

2）工程材料/构配件，按有关规定送检复试。审查工程材料/构配件报审表，监理工程师签字同意后方可使用。

3）新材料、新制品的使用，需经监理、业主审查同意后，方可投入使用。

4）工程材料/构配件的出厂证明、质量保证书和合格证。不符合要求的材料，及时见证退场，并办理手续。

（5）门窗安装前，应对门窗口尺寸进行检验。安装时，应采用预留洞口的方法施工（塞口法），不得采用边安装边砌筑洞口（立口法）或先安装后砌筑洞口的方法施工。

（6）门窗施工前，复查主体结构的预留洞口的标高和平面位置。

（7）下列材料及其性能指标进场时应进行复验。

1）人造木板的甲醛含量。

2）建筑外墙金属窗、塑料窗的抗风压性能、空气渗透性能和雨水渗漏性能，应满足设计要求和规范规定。

（8）木门窗与砖石砌体、混凝土或抹灰层接触处应进行防腐处理，并设置防潮层。嵌入砌体或混凝土中的木砖也应进行防腐处理。

（9）金属窗或塑料窗组合时，拼樘料的尺寸、规格、壁厚应检查是否符合设计要求。

三、事中及事后控制中的监理工作

1. 一般规定

在砌体上安装门窗严禁用射钉固定，安装必须牢固。

（1）检验批划分。

1）同一品种、类型和规格的木门窗、金属门窗、塑料门窗及门窗玻璃每100樘应划分为一个检验批，不足100樘也应划分为一个检验批。

2）同一品种、类型和规格的特种门每50樘应划分为一个检验批，不足50樘也应划分为一个检验批。

（2）检查数量规定。

1）每个检验批应至少抽查5%，并不得少于3樘，不足3樘时应全数检查；高层建筑的外窗，每个检验批应至少抽查10%，并不得少于6樘，不足6樘时应全数检查。

2）特种门每个检验批应至少抽查50%，并不得少于10樘，不足10樘时应全数检查。

（3）隐蔽工程项目。

1）预埋件及锚固件。

2）隐蔽部位的防腐、防锈、填嵌处理。

（4）复验材料及性能指标。

1）人造面板的甲醛含量。

2）建筑外墙金属窗、塑料窗的抗风压性、空气渗透性能和雨水渗漏性能。

（5）检查监督承包商按审批后的施工方案组织施工，不得擅自更改，确保施工技术措施可靠。

（6）设计变更涉及工程设计标准和标高变化等要征得建设单位同意。

（7）木门窗的木材品种、材质等级、规格、尺寸、框扇的线型及人造木板的甲醛含量应符合设计要求。

（8）严格执行工程质量监控制度，对较大质量问题或工程隐患应发书面整改通知单；当施工单位未经检查验收即进行下道工序施工、擅自采用未经认可的材料、擅自变更设计、出现质量下降征兆时应及时下达暂停施工指令。

（9）加强施工过程的巡查，发现安全隐患，必须及时拟发安全整改通知。

（10）对工程进度进行跟踪，尤其是门窗的加工制作能力，应满足工程进度的需要。

（11）门窗的品种、类型、规格、尺寸、性能、开启方向、安装位置、连接方式均应符合设计要求。人造木板应检验甲醛含量，木质门窗检查含水率，防火、防腐、防虫处理。

（12）玻璃表面应洁净，不得有腻子、密封胶、涂料等污渍。中空玻璃内外表面均应洁净，玻璃中空层内不得有灰尘和水蒸气。

（13）督促施工单位做好成品保护工作（采取"防护"、"包裹"、"覆盖"、"封闭"等保护措施）。

（14）门窗工程验收时，监理员应检查下列文件和记录。

1) 门窗工程的施工图设计说明及其他设计文件。

2) 材料的产品合格证书性能检测报告进场验收记录和复验报告。

3) 特种门及其附件的生产许可文件。

4) 隐蔽工程验收记录。

5) 施工记录。

2. 检验要求

（1）木门窗。

1) 主控项目。

①通过检查材料进场验收记录和复验报告，检查甲醛含量或甲醛释放量。

②通过检查材料进场验收记录，检查木材含水率测定记录。

③通过观察、检查材料进场验收记录，检查防火、防腐、防虫处理、木制品与砖石砌体、混凝土、抹灰层接触或埋入处，是否进行防腐处理及设置防潮层。

④通过观察，检查木门窗的结合处和安装配件处木节或已填补的木节木门窗的死节及直径较大的虫眼填补。

⑤通过观察和手扳检查，检查门窗框和厚度大于50 mm的门窗扇是否用双榫连接。

⑥通过观察，检查胶合板门、纤维板门和模压门是否脱胶，胶合板是否刨透表层，单板是否有戗槎，制作胶合板门、纤维板门时，边框和横楞应在同一平面上，面层、边框及横楞应加压胶结。横楞和上下、冒头应各钻两个以上的透气孔，透气孔是否通畅。

⑦通过观察、尺量检查、检查成品门的产品合格证书，检查品种、类型、规格、开启方向、安装位置及连接方式。

⑧通过观察、手扳检查、检查隐蔽工程验收记录和施工记录，检查木门窗框、窗扇的安装是否牢固、严密，预埋木砖的防腐处理、木门窗框固定点的数量、位置及固定方法是否符合设计要求。

⑨通过观察、开启和关闭检查、手扳检查，检查配件的型号、规格、数量是否符合设计要求，安装是否牢固，位置是否正确，功能是否满足使用要求。

2) 一般项目。

①通过观察，检查木门窗表面是否洁净，不得有刨痕锤印。

②通过观察，检查木门窗的割角、拼缝是否严密平整。门窗框、扇裁口应顺直，刨面是否平整。

③通过观察，检查木门窗上的槽、孔是否边缘整齐，无毛刺。

④通过轻敲门窗框检查、检查隐蔽工程验收记录和施工记录，检查木门窗与墙体间缝隙的填嵌材料是否符合设计要求，填嵌是否饱满，寒冷地区外门窗（或门窗框）与砌体间的空隙是否填充保温材料。

⑤通过观察、手扳检查，检查木门窗披水、盖口条、压缝条、密封条的安装是否顺

直，与门窗结合是否牢固、严密。

⑥木门窗制作及安装的留缝限值允许偏差和检验方法应符合《建筑装饰装修工程质量验收规范》(GB 50210) 的相关规定。

（2）金属门窗。

1) 主控项目。

①通过观察、尺量检查、检查产品合格证书、性能检测报告、进场验收记录和复验报告、检查隐蔽工程验收记录，检查品种、类型、规格、尺寸、性能、开启方向、安装位置、连接方式及铝合金门窗的型材壁厚、防腐处理及填嵌、密封处理是否符合设计要求。

②通过手扳检查、检查隐蔽工程验收记录，检查门窗框和副框的安装是否牢固，预埋件的数量、位置、埋设方式、与框的连接方式是否正确。

③通过观察、开启和关闭检查、手扳检查，检查门窗扇是否安装牢固，并应开关灵活，关闭严密，无倒翘，推拉门窗扇是否有防脱落措施。

④通过观察、开启和关闭检查、手扳检查，检查配件的型号、规格、数量是否符合设计要求，安装是否牢固、位置是否正确、功能是否满足使用要求。

2) 一般项目。

①通过观察，检查门窗表面是否洁净、平整、光滑、色泽一致，无锈蚀，大面是否有划痕、碰伤。漆膜或保护层是否连续。

②通过用弹簧秤检查，检查铝合金门窗推拉门窗扇开关力应不大于 100 N。

③通过观察、轻敲门窗框检查、检查隐蔽工程验收记录，检查金属门窗框与墙体之间的缝隙是否填嵌饱满，并采用密封胶密封，密封胶表面是否光滑、顺直、无裂纹。

④通过观察、开启和关闭，检查金属门窗扇的橡胶密封条或毛毡密封条是否安装完好，有无脱槽。

⑤通过观察，检查有排水孔的金属门窗排水孔是否畅通，位置和数量是否符合设计要求。

⑥钢门窗安装的留缝限值允许偏差和检验方法及铝合金和涂色镀锌钢板门窗安装的允许偏差和检验方法应符合《建筑装饰装修工程质量验收规范》(GB 50210) 的相关规定。

（3）塑料门窗。

1) 主控项目。

①通过观察、尺量检查、检查产品合格证书、性能检测报告、进场验收记录和复验报告、检查隐蔽工程验收记录，检查品种、类型、规格、尺寸、开启方向、安装位置、连接方式及填嵌密封处理是否符合设计要求，内衬增强型钢的壁厚及设置是否符合国家现行产品标准的质量要求。

②通过观察、手扳检查、检查隐蔽工程验收记录，检查门窗框、副框和扇的安装是否牢固，固定片或膨胀螺栓的数量与位置是否正确，连接方式是否符合设计要求。固定点距窗角、中横框、中竖框是否为 150~200 mm，固定点间距是否不大于 600 mm。

③通过观察、手扳检查、尺量检查、检查进场验收记录，检查拼樘料内衬增强型钢的规格、壁厚是否符合设计要求，型钢应与型材内腔紧密吻合，其两端是否与洞口固定牢固。窗框是否与拼樘料连接紧密，固定点间距是否不大于 600 mm。

④通过观察、开启和关闭检查、手扳检查，检查塑料门窗扇是否开关灵活、关闭严

密、无倒翘。推拉门窗扇是否有防脱落措施。

⑤通过观察、手扳检查、尺量检查，检查塑料门窗配件的型号、规格、数量是否符合设计要求，安装是否牢固，位置是否正确，功能是否满足使用要求。

⑥通过观察、检查隐蔽工程验收记录，检查塑料门窗框与墙体间缝隙是否采用闭孔弹性材料填嵌饱满，表面是否采用密封胶密封。密封胶是否粘结牢固，表面是否光滑、顺直、无裂纹。

2）一般项目。观察法检查下列内容：

①门窗表面是否洁净、平整、光滑，大面不得有划痕、碰伤。

②密封条是否脱槽，旋转窗间隙是否基本均匀。

③玻璃密封条与玻璃及玻璃槽口的接缝是否平整，是否卷边、脱槽。

④排水孔是否畅通，位置和数量是否符合设计要求。

⑤安装的允许偏差和检验方法是否正确。

开关力检查应观察并用弹簧秤检查，且符合下列规定：

①平开门窗扇平铰链的开关力应不大于 80 N；滑撑铰链的开关力应不大于 80 N，并不小于 30 N。

②推拉门窗扇的开关力应不大于 100 N。

四、检查注意事项

（1）严格工序交接检查：各道工序完成后，要求施工单位按质量检验程序进行自检和质量检查评定，报送监理工程师核定。经检查合格后方可进行下道工序施工。

（2）隐蔽工程检查：隐蔽工程完成后，首先由施工单位进行质量自检并经检查合格后，将隐蔽工程记录报送监理工程师，由监理工程师组织相关单位进行检查验收，达到合格经监理签字认可，进行下道工序施工。

（3）做好检验批的质量验收工作：检验批工程完成后，施工单位报送专业监理工程师检查验收，同时做好验收记录。

（4）严格执行质量报告制度：专业监理工程师要及时地向总监理工程师报告工程施工质量控制中出现的质量问题和采取的处理措施，严格执行质量控制报告制度。

五、监理过程中可能形成的文件

（1）认真填写监理日志，详细记录工程进度、质量情况以及设计修改、材料进场、工地洽商、不可抗力影响等有关工程施工必须记录的问题。

（2）按时填写监理月报，做好监理总结。

（3）认真做好工程技术资料的管理。

1）材料进场需检验证明（出厂证、合格证、检验单等）汇总。

2）设计变更通知单。

3）施工单位送检，监理见证送检汇总。

4）隐蔽验收记录。
5）工程验收记录、预验记录。
6）质量问题监理通知单。
7）现场技术签证。

想一想练一练：

1. 简述门窗工程监理依据。
2. 门窗工程施工前如何控制主要材料和构配件的质量？
3. 简述门窗工程检验批划分规定。
4. 门窗工程中隐蔽工程项目和复验材料及性能指标有哪些？
5. 门窗工程质量监控过程中发现问题如何处理？
6. 简述木门窗工程验收主控项目内容。
7. 简述木门窗工程验收一般项目内容。
8. 简述金属门窗工程验收主控项目内容。
9. 简述金属门窗工程验收一般项目内容。
10. 简述塑料门窗工程验收主控项目内容。
11. 简述塑料门窗工程验收一般项目内容。
12. 简述门窗工程验收时，监理员应检查的文件和需要做的记录。
13. 简述工序交接检、隐蔽工程检查、检验批的质量验收、质量报告制度的做法规定。
14. 简述门窗工程监理过程中可能形成的文件。

任务三　吊顶工程监理员的工作及相关内容

　　房屋顶棚是现代室内装饰处理的重要部位，它是围护成室内空间除墙体、地面以外的另一主要部分。它装饰效果的优劣，直接影响整个建筑空间的装饰效果。顶棚还起吸收和反射音响、安装照明、通风和防火设备的功能作用。它的形式有直接式和悬吊式两种。吊顶工程分为暗龙骨吊顶工程和明龙骨吊顶工程。根据规范规定，验收时主控项目的检测点的实测值必须在给定的允许偏差范围内，不允许超出范围。如果允许有偏差的项目是一般项目，在允许有20%的检测点的实测值超出给定的允许偏差范围，但是最大偏差不得大于给定的允许偏差值的1.5倍。监理单位应对主控项目全部进行检查，对一般项目可根据施工单位质量控制情况确定检查项目。吊顶工程现场施工图如图4-5所示。

项目 四 装饰工程中的监理员工作

图 4-5 吊顶工程现场施工图

🔍 任务目标

1. 熟悉吊顶工程监理规范依据。
2. 熟悉吊顶工程施工前的监理工作。
3. 熟悉吊顶工程的检验批划分规定。
4. 熟悉吊顶工程的施工规定。
5. 熟悉暗龙骨吊顶工程、明龙骨吊顶工程的主控项目和一般项目及检验方法。
6. 掌握监理参加吊顶工程验收时的资料管理。
7. 掌握吊顶工程隐蔽工程验收内容。

🔍 规范依据

1. 建设工程施工合同。
2. 已批准的监理规划。
3. 经批准的施工组织设计(或方案)。
4. 国家及当地政府颁布的工程施工及验收规定。
5. 经批准的工程设计文件、图纸、工程变更文件、图纸会审记录。
6. 《建筑装饰装修工程质量验收规范》(GB 50210—2018)。
7. 《建设工程监理规范》(GB/T 50319—2013)。
8. 《建设工程文件归档规范》(GB/T 50328—2014)。
9. 《建筑工程施工质量验收统一标准》(GB 50300—2013)。

任务实施

一、监理工作流程

材料进场验收→外观检查及材料见证送检→安装前工序交接验收→吊顶隐蔽工程验收→吊顶安装→分项工程验收。

二、事前控制中的监理工作

吊顶工程施工前,应协助施工单位进行以下工作。
(1)人造木板的甲醛含量进行复验。
(2)安装龙骨前应按设计要求对房间净高、洞口标高和吊顶内管道设备及其支架的标高进行交接检验。
(3)木吊杆、木龙骨和木饰面板必须进行防火处理,并应符合有关设计防火规范的规定。
(4)预埋件、钢筋吊杆和型钢吊杆应进行防锈处理。
(5)安装饰面板前应完成吊顶内管道和设备的调试及验收。

三、事中及事后控制中的监理工作

1. 有关规定

(1)吊杆与主龙骨端部距离不得大于300 mm,当大于300 mm时应检查有无增加吊杆,当吊杆长度大于1.5 m时,应检查有无设置反支撑。当吊杆与设备相遇时,应调整并增设吊杆。龙骨上严禁安装重型灯具电扇及其他重型设备。

木龙骨吊顶

(2)检验批划分规定:同一品种的吊顶工程每50间(大面积房间和走廊按吊顶面积30 m²为一间)应划分为一个检验批,不足50间也应划分为一个检验批。且每个检验批应至少抽查10%并不得少于3间,不足3间时应全数检查。

(3)安装龙骨前应按设计要求对房间净高、洞口标高和吊顶内管道设备及其支架的标高进行交接检验。

(4)吊顶工程的木吊杆、木龙骨和木饰面板必须进行防火处理,并应符合有关设计防火规范的规定。

(5)吊顶工程中的预埋件、钢筋吊杆和型钢吊杆应进行防锈处理。

(6)安装饰面板前应完成吊顶内管道和设备的调试及验收。

轻钢龙骨吊顶

2. 暗龙骨吊顶工程质量验收

以轻钢龙骨、铝合金龙骨、木龙骨等为骨架,以石膏板、金属板、矿棉板、木板、塑料板或格栅等为饰面材料,质量验收应包括:

（1）主控项目。

1）通过观察、尺量检查，检查吊顶标高、尺寸、起拱和造型情况。

2）通过观察检查、检查产品合格证书、性能检测报告、进场验收记录和复验报告，检查饰面材料的材质、品种、规格、图案和颜色。

3）通过观察、手扳检查、检查隐蔽工程验收记录和施工记录，验收暗龙骨吊顶工程的吊杆、龙骨和饰面材料的安装牢固性。

4）通过观察、尺量检查、检查产品合格证书、性能检测报告、进场验收记录和隐蔽工程验收记录，验收吊杆、龙骨的材质、规格、安装间距及连接方式、防腐防火处理。

5）通过观察，检查石膏板的接缝处理。

（2）一般项目。

1）通过观察、尺量检查，检查饰面材料表面是否洁净、色泽一致，是否有翘曲、裂缝及缺损。

2）通过观察，检查饰面板上的灯具、烟感器、喷淋头、风口箅子等设施的位置是否合理、美观，与饰面板的交接是否吻合、严密。

3）通过检查隐蔽工程验收记录和施工记录，检查金属吊杆、龙骨的接缝是否均匀一致，角缝是否吻合，表面是否平整，无翘曲、锤印，木质吊杆、龙骨是否顺直，无劈裂变形；检查吊顶内填充吸声材料的品种和铺设厚度是否符合设计要求。

4）根据《建筑装饰装修工程质量验收规范》（GB 50210）的规定进行安装允许偏差检验。

3. 明龙骨吊顶工程质量验收

以轻钢龙骨、铝合金龙骨、木龙骨等为骨架，以石膏板、金属板、矿棉板、塑料板、玻璃板或格栅等为饰面材料的明龙骨吊顶工程。

（1）主控项目。

1）通过观察、尺量检查，检查吊顶标高、尺寸、起拱和造型情况。

2）通过观察检查、产品合格证书、性能检测报告、进场验收记录和复验报告，验收饰面材料的材质、品种、规格、图案和颜色，玻璃板作为饰面材料时，应采用安全玻璃或采取安全措施。

铝格栅吊顶

3）通过观察、手扳检查、尺量检查，检查饰面材料的安装是否稳固严密，饰面材料与龙骨的搭接宽度是否大于龙骨受力面。

4）通过观察、尺量检查，检查产品合格证书、施工记录和隐蔽工程验收记录，验收吊杆、龙骨的材质、规格、安装间距及连接方式，金属吊杆、龙骨表面的防腐处理及木龙骨的防腐、防火处理。

硅酸钙板吊顶

5）通过手扳检查、检查隐蔽工程验收记录和施工记录，检查吊杆和龙骨的安装牢固性。

（2）一般项目。

1）通过观察和尺量检查，验收饰面材料表面是否洁净、色泽一致，是否有翘曲、裂缝。饰面板与明龙骨的搭接是否平整、吻合，压条是否平直、宽窄一致。

2）通过观察，检查饰面板上的灯具、烟感器、喷淋头、风口、箅子等设备的位置是否合理、美观，与饰面板的交接是否吻合、严密。

3）通过观察，检查金属龙骨的接缝是否平整、吻合、颜色一致，是否有划伤、擦伤等表面缺陷，木质龙骨是否平整、顺直、无劈裂。

4）通过检查隐蔽工程验收记录和施工记录，验收吊顶内填充吸声材料的品种和铺设厚度和防散落措施。

5）根据《建筑装饰装修工程质量验收规范》(GB 50210)的规定进行安装允许偏差检验。

四、文档资料管理

1. 吊顶工程验收形成的文件和记录

（1）吊顶工程的施工图设计说明及其他设计文件。
（2）材料的产品合格证书、性能检测报告、进场验收记录和复验报告。
（3）隐蔽工程验收记录。
（4）施工记录。

2. 隐蔽工程项目验收

吊顶工程完工后，监理应协同施工单位对下列隐蔽工程项目进行验收，形成隐蔽工程验收记录，并签字。
（1）吊顶内管道设备的安装及水管试压。
（2）木龙骨防火、防腐处理。
（3）预埋件或拉结筋。
（4）吊杆安装。
（5）龙骨安装。
（6）填充材料的设置。

想一想练一练：

1. 简述吊顶工程监理规范依据。
2. 吊顶工程施工前，监理应协助施工单位进行哪些工作？
3. 简述吊顶工程的检验批划分规定。
4. 简述吊杆的有关规定。
5. 简述暗龙骨吊顶工程的主控项目及检验方法。
6. 简述暗龙骨吊顶工程的一般项目及检验方法。
7. 简述明龙骨吊顶工程的主控项目及检验方法。
8. 简述明龙骨吊顶工程的一般项目及检验方法。
9. 监理应参加吊顶工程验收，需检查哪些文件和记录？
10. 简述吊顶工程隐蔽工程验收内容。

任务四　饰面(板)砖工程监理员的工作及相关内容

饰面(板)砖工程包含饰面板安装、饰面砖粘贴等分项工程。具有观感质量要求高,要求装饰表面平整,阴阳角垂直、方正,色泽均匀一致;基层、结合层、装饰层等各层之间必须粘贴牢固的特点。饰面(板)砖施工如图4-6所示。

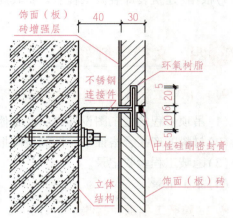

图4-6　饰面(板)砖施工示意图

任务目标

1. 熟悉监理规范依据。
2. 熟悉饰面(板)砖工程监理工作流程。
3. 掌握饰面(板)砖工程中事前控制的监理工作。
4. 掌握饰面(板)砖工程中事中及事后控制中的监理工作。
5. 掌握饰面(板)砖工程验收后形成的文档名称,并学会整理归档。

规范依据

1.《建设工程质量管理条例》。
2. 监理合同及有关施工合同。
3. 已核准的建筑工程监理规划。
4. 已批准的工程土建工程施工图及设计变更。
5.《建筑装饰装修工程质量验收规范》(GB 50210—2018)。
6.《建设工程监理规范》(GB/T 50319—2013)。
7.《建设工程文件归档规范》(GB/T 50328—2014)。
8.《民用建筑工程室内环境污染控制规范(2013版)》(GB 50325—2010)。
9.《建筑工程施工质量验收统一标准》(GB 50300—2013)。

任务实施

一、饰面(板)砖工程监理工作流程

审查施工方案及交底→原材料检查、抽样复验→检查基层清理→弹控制线→排砖→抹

水泥砂浆结合层→地板砖铺贴→灌缝→镶贴踢脚板。

二、事前控制中的监理工作

（1）主要是审查施工方案及交底资料，对原材料的检查和抽样复验、隐蔽工程项目进行验收。饰面（板）砖工程应对下列材料及其性能指标进行复验。

1）室内用花岗石的放射性。
2）粘贴用水泥的凝结时间、安定性和抗压强度。
3）外墙陶瓷面砖的吸水率。
4）寒冷地区外墙陶瓷面砖的抗冻性。

（2）饰面（板）砖工程应对下列隐蔽工程项目进行验收。

1）预埋件（或后置埋件）。
2）连接节点。
3）防水层。

（3）各分项工程的检验批及检查数量规定如下。

1）相同材料工艺和施工条件的室内饰面（板）砖工程每 50 间（大面积房间和走廊按施工面积 30 m^2 为一间）应划分为一个检验批，不足 50 间也应划分为一个检验批。

2）相同材料工艺和施工条件的室外饰面（板）砖工程每 500～1 000 m^2 应划分为一个检验批，不足 500 m^2 也应划分为一个检验批。

3）室内每个检验批应至少抽查 10%，并不得少于 3 间；不足 3 间时应全数检查。

4）室外每个检验批每 100 m^2 应至少抽查一处，每处不得小于 10 m^2。

（4）材料质量控制。板砖的型号、规格、色泽应与样品一致，进场时应提供出厂合格证，并经取样检测合格后方可使用。

（5）基层处理。抹灰前基层表面的尘土、灰渣、污垢、油渍等应清除干净，并应洒水润湿。管道周围吊板处混凝土应提前浇筑，线盒周围缝隙应用混凝土封堵密实。

三、事中及事后控制中的监理工作

饰面（板）砖工程分为饰面板安装工程和饰面砖粘贴工程。

（一）饰面板安装工程

一般适用于内墙饰面板安装工程和高度不大于 24 m，抗震设防烈度不大于 7 度的外墙饰面板安装工程。

1. 主控项目

（1）通过观察和检查产品合格证书、进场验收记录和性能检测报告，检查饰面板的品种、规格、颜色和性能是否符合设计要求，木龙骨、木饰面板和塑料饰面板的燃烧性能等级。

（2）通过检查进场验收记录和施工记录，检查饰面板孔（槽）的数量、位置和尺寸是否符合设计要求。

（3）通过手扳检查、检查进场验收记录、现场拉拔检测报告、隐蔽工程验收记录和施工记录，检查预埋件（或后置埋件）、连接件的数量、规格、位置、连接方法和防腐处理是否符合设计要求，后置埋件的现场拉拔强度是否符合设计要求，饰面板安装是否牢固。

2. 一般项目

（1）通过观察，检查饰面板表面是否平整、洁净、色泽一致、无裂痕和缺损，石材表面是否有泛碱等污染。

（2）通过观察和尺量检查，验收饰面板嵌缝是否密实、平直、宽度和深度，嵌填材料色泽是否一致。

（3）通过用小锤轻击检查和检查施工记录，验收采用湿作业法施工的饰面板工程，石材是否进行防碱背涂处理，饰面板与基体之间的灌注材料是否饱满密实。

（4）通过观察，检查饰面板上的孔洞是否套割吻合，边缘是否整齐。

（5）根据《建筑装饰装修工程质量验收规范》（GB 50210）的规定进行安装允许偏差检验。

（二）饰面砖粘贴工程

一般适用于内墙饰面砖粘贴工程和高度不大于 100 m，抗震设防烈度不大于 8 度的，采用满粘法施工的外墙饰面砖粘贴工程。

1. 主控项目

（1）通过观察、检查产品合格证书、进场验收记录、性能检测报告和复验报告，验收饰面砖的品种、规格、图案、颜色和性能是否符合设计要求。

（2）通过检查产品合格证书、复验报告和隐蔽工程验收记录，检查饰面砖粘贴工程的找平、防水、粘结和勾缝材料及施工方法是否符合设计要求及国家现行产品标准和工程技术标准的规定。

（3）通过检查样板件粘结强度检测报告和施工记录，检查饰面砖粘贴是否牢固。

（4）通过观察和用小锤轻击检查，验收满粘法施工的饰面砖工程是否有空鼓、裂缝。

2. 一般项目

（1）通过观察，检查饰面砖表面是否平整、洁净、色泽一致、无裂痕和缺损。

（2）通过观察，检查阴阳角处搭接方式、非整砖使用部位是否符合设计要求。

（3）通过观察和尺量检查，检查墙面突出物周围的饰面砖是否整砖套割吻合，边缘是否整齐，墙裙、贴脸突出墙面的厚度是否一致。

（4）通过观察和尺量检查，检查饰面砖接缝是否平直、光滑，填嵌是否连续、密实，宽度和深度是否符合设计要求。

（5）通过观察和用水平尺检查，验收有排水要求的部位是否做滴水线（槽），滴水线（槽）是否顺直，流水坡向是否正确，坡度是否符合设计要求。

（6）根据《建筑装饰装修工程质量验收规范》（GB 50210）的规定进行安装允许偏差检验。

四、文档管理

（1）饰面（板）砖工程验收时应检查下列文件和记录。

1）饰面（板）砖工程的施工图设计说明及其他设计文件。

2）材料的产品合格证书、性能检测报告、进场验收记录和复验报告。

3）后置埋件的现场拉拔检测报告。

4）外墙饰面砖样板件的粘结强度检测报告。

5）隐蔽工程验收记录。

6）施工记录。

（2）本工程应形成的资料。

1）《工程材料/构配件报审表》及附件。

①材料的产品合格证书、性能检测报告、进场验收记录和复验报告、后置埋件的现场拉拔检测报告、外墙饰面砖样板件的粘结强度检测报告。

②饰面板（砖）及其性能指标的复验：外墙陶瓷面砖的吸水率。

2）水泥物理性能试验报告。

3）砂子物理性能试验报告。

4）隐蔽工程验收记录：

①预埋件或后置埋件。

②连接节点。

③防水层。

5）设计及规范规定的其他内容。

6）工程材料/构配件抽检记录。

想一想练一练：

1. 饰面（板）砖工程中监理的依据有哪些？
2. 简述饰面（板）砖工程监理工作流程。
3. 饰面（板）砖工程施工前，应对哪些材料及其性能指标进行复验？
4. 饰面（板）砖工程应对哪些隐蔽工程项目进行验收？
5. 简述饰面（板）砖工程各分项工程的检验批及检查数量规定。
6. 简述饰面板安装工程的主控项目。
7. 简述饰面砖粘贴工程的主控项目。
8. 饰面（板）砖工程验收时应检查哪些文件和记录？
9. 饰面（板）砖工程验收后应形成哪些资料需归档？

任务五　幕墙工程监理员的工作及相关内容

幕墙工程是建筑物不承重的外墙护围，通常由面板（玻璃、铝板、石板、陶瓷板等）和后面的支承结构（铝横梁立柱、钢结构、玻璃肋等）组成。由结构框架与镶嵌板材组成，不承担主体结构载荷与作用的建筑围护结构。幕墙工程是现代大型和高层建筑常用的带有装饰效果的轻质墙体。

背栓式石材幕墙构造如图4-7所示。

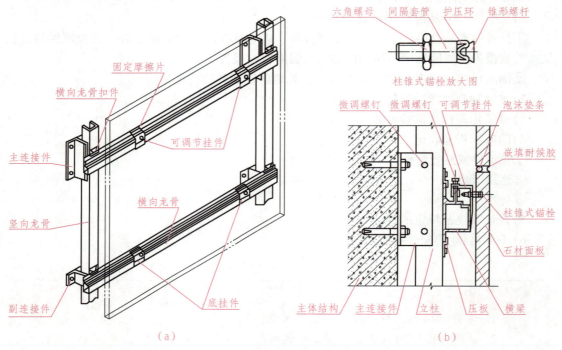

图4-7　背栓式石材幕墙构造示意图
(a)立体图；(b)竖向节点详图

任务目标

1. 熟悉幕墙工程监理规范依据。
2. 熟悉幕墙工程施工前的监理工作。
3. 熟悉玻璃幕墙、石材幕墙施工过程中的监理控制内容。
4. 掌握监理过程中形成的技术资料，做好资料的归档工作。

规范依据

1. 设计图纸(包括技术说明、变更通知、图纸会审记录等)。
2. 经审核批准的施工文件(包括施工组织设计、施工方案、技术核定等)。
3. 《玻璃幕墙工程技术规范》(JGJ 102—2013)。
4. 《建筑玻璃应用技术规程》(JGJ 113—2009)。
5. 《建筑幕墙保温性能分级及检测方法》(GB/T 29043—2012)。
6. 《建筑幕墙气密、水密、抗风压性能检测方法》(GB/T 15227—2007)。
7. 《建筑幕墙工程质量验收规程》(DGJ32-124-2011)。
8. 《玻璃幕墙工程质量检验标准》(JGJ/T 139—2001)。
9. 《建筑装饰装修工程质量验收规范》(GB 50210)。
10. 《金属与石材幕墙工程技术规范》(JGJ 133—2001)。
11. 《建筑用硅酮结构密封胶》(GB 16776—2005)。

任务实施

一、事前控制中的监理工作

(1)审查施工单位提交的施工组织设计方案。

(2)检查幕墙与主体结构连接的预埋件和基层处理情况。幕墙的金属框架与主体结构应通过预埋件连接,预埋件应在主体结构混凝土施工时埋入,预埋件的位置应准确,当没有条件采用预埋件连接时应采用其他可靠的连接措施,并应通过试验确定其承载力。对主体结构的孔洞及表面的缺陷,应及时要求承包商处理。龙骨型材是否经镀锌防腐处理,尺寸、规格是否与设计相符,还应经必要的检测。

(3)校核施工放线。

(4)对主要原材料进行进场检查,在工程材料报验单上签署意见,督促承包商将不合格的原材料限期清理出场。

1)金属材料。

①检查其出厂合格证、化学成分检测报告、力学性能检测报告。

②检查表面保护材料是否完好。如有剥离破损,应予以修补。

③对有疑问的项目应进行抽样检测。

2)玻璃材料。

①检查出厂合格证、性能测试报告。

②当采用阳光控制镀膜玻璃时,其技术指标(表4-2)和外观质量(表4-3)应符合《平板玻璃》(GB 11614—2009)和《镀膜玻璃 第1部分:阳光控制镀膜玻璃》(GB/T 18915.1—2013)中的规定。

表 4-2　技术指标

mm

公称厚度	尺寸偏差	
	尺寸≤3 000	尺寸>3 000
2~6	±2	±3
8~10	+2，−3	+3，−4
12~15	±3	±4
19~25	±5	±5

表 4-3　外观质量

缺陷名称	说　　明	要　　求
针孔	直径≤0.8 mm	不允许集中
	0.8 mm≤直径<1.5 mm	中部：允许个数：2.0×S，个，且任意两缺陷之间的距离大于 300 mm 边部：不允许集中
	1.5 mm≤直径≤2.5 mm	中部：不允许 边部允许个数：1.0×S，个
	直径>2.5 mm	不允许
斑点	1.0 mm≤直径<2.5 mm	中部：不允许 边部允许个数：2.0×S，个
	直径>2.5 mm	不允许
斑纹	目视可见	不允许
暗道	目视可见	不允许
膜面划伤	宽度≥0.1 mm 或长度>60 mm	不允许
玻璃面划伤	宽度≤0.5 mm、长度≤60 mm	允许条数：3.0×S，个
	宽度>0.5 mm 或长度>60 mm	不允许

注：1. 集中是指在 ϕ100 mm 面积内超过 20 个。
　　2. S 是以 m^2 为单位的玻璃板面积，保留小数点后两位。
　　3. 允许个数及允许条数为各系数与 S 相乘所得的数值，按 GB/T 8170 修约至整数。
　　4. 玻璃板的边部是指距边 5%边长距离的区域，其他部分为中部。
　　5. 对于可钢化阳光控制镀膜玻璃，其热加工后的外观质量要求可由供需双方商定。

③玻璃应进行边缘处理。

3）建筑密封胶(耐候胶)。

①检查耐候胶的厂家、型号、规格、出厂合格证和性能报告是否符合设计或合同要求。

②检查胶筒上的有效日期是否能保证在施工期间内完成。

③检查是否将结构胶误作耐候胶用，更不得将过期结构胶代替耐候胶使用。

4）结构硅酮密封胶。

①检查厂家、灌装地点，是否有产地证和出厂合格证。

②检查相容性试验报告有无及完整性。

③检查有无耐用年限保证书。

④检查是否在有效期内（单组份为6个月，双组份为9~12个月），过期的结构硅酮密封胶不得使用。

⑤检查有无做好"四性试验"（风压变形性能、空气渗透性能、雨水渗透性能和平面内变形性能）。

5）石材。

①石材颜色、分格尺寸、厚度是否与设计相符。

②石材外观检查，表面是否有无法清洁的污迹，有无缺棱、掉角，有无暗伤、裂纹，有无明显色差。

③石材的相关复试是否合格，包括石材弯曲强度，石材的吸水率及抗冻融性，石材的耐腐蚀性等，型材及干挂连接件的检查验收。

（5）除上述检查外，还应进行下列项目的复验和隐蔽工程验收工作。

1）铝塑复合板的剥离强度。

2）石材的弯曲强度、寒冷地区石材的耐冻融性、室内用花岗石板的放射性。

3）玻璃幕墙用结构胶的邵氏硬度、标准条件拉伸粘结强度、相容性试验、石材用结构胶的粘结强度、石材用密封胶的污染性。

（6）幕墙工程应对下列隐蔽工程项目进行验收。

1）预埋件（或后置埋件）。

2）构件的连接节点。

3）变形缝及墙面转角处的构造节点。

4）幕墙防雷装置。

5）幕墙防火构造。

（7）后置埋件的检查验收。

后置埋件应采用化学螺栓，药剂应有合格证、使用说明，螺栓应选用不锈钢件。后置埋件施工过程实行严格的程序管理。

检查验收工作按事先划定的检验批进行。埋件定位检查合格后方可进行下道工序。钻孔完成经抽检孔深、孔径及清孔质量，合格后方可进行植筋。

植筋后，立即开始外观检查，外观检查合格后进行固化养护，固化期间不允许有扰动。强度达到后按规定（每1 000根拉拔一组）进行拉拔试验。

主体结构经建设、设计、施工、监理单位及政府质检部门联合检查验收通过。主体施工单位与幕墙施工单位交接检查验收完成并签字。幕墙施工用的脚手架与起重设施经调整、协调完成，达到作业条件。相关的幕墙施工方案经审查批准合格。

二、事中及事后控制中的监理工作

（一）玻璃幕墙

玻璃幕墙如图4-8所示。玻璃幕墙施工监理控制程序如图4-9所示。

竖隐横显玻璃幕墙

图 4-8　玻璃幕墙图

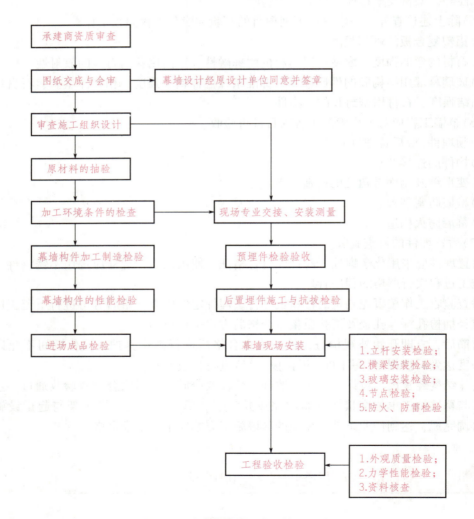

图 4-9　玻璃幕墙施工监理控制程序

1. 半成品加工质量检查

根据半成品加工或进场计划对铝材、玻璃等半成品加工质量进行检查。检查应按构件的5%进行抽样，且每种构件不得少于5件；当有一个构件不符合规定要求时，应加倍抽查，复验合格后方可出厂。

2. 铝材加工质量监督检查

(1) 检查加工车间环境是否清洁、无严重灰尘和污染源。
(2) 检查使用的量具是否保证精度(例如用钢圈尺量测对角线长度差则不符合精度要求)。
(3) 检查加工后的铝材保护塑料包封是否完整，否则应采取修补措施。

3. 玻璃板加工质量监督检查

(1) 确认场地周围封闭，地面清洁无尘，贮存胶的房间应有空调设备。
(2) 检查打胶机配件(胶料和固化剂)是否准确，搅拌后颜色是否均匀。每班打胶后应留蝴蝶试件和胶杯试件，打胶记录齐全，记录清楚。
(3) 检查铝框成型尺寸是否准确、规方、平整。
(4) 检查铝框板材双面贴铺设是否平整。
(5) 检查玻璃边缘是否用两块布两次清洁，清洁后不再用手触摸。
(6) 检查打胶是否均匀、密实，有否及时清除多余的胶。
(7) 检查静置场地是否适宜，板材间垫块是否平整，码放层数是否过高；检查当班未用完的胶有否倒掉，严禁使用隔天的胶。
(8) 检查加工厂是否定期检查评定制作质量，填写质量评定表。

4. 现场安装工艺检查

监理工程师应建立现场巡视制度，抽查施工单位自检记录(包括玻璃板材质评表、幕墙节点安装质评表、立柱横梁质评表)，并与现场抽检进行比较。

5. 幕墙及其连接件检验

幕墙及其连接件应具有足够的承载力、刚度和相对于主体结构的位移能力，幕墙构架立柱的连接金属角码与其他连接件应采用螺栓连接并应有防松动措施。

6. 隐框、半隐框幕墙所采用的结构粘结材料检验

(1) 隐框、半隐框幕墙所采用的结构粘结材料必须是中性硅酮结构密封胶，其性能必须符合《建筑用硅酮结构密封胶》(GB 16776—2005)的规定，且必须在有效期内使用。

显框玻璃幕墙

(2) 隐框、半隐框幕墙构件中板材与金属框之间硅酮结构密封胶的粘结宽度，应分别计算风荷载标准值和板材自重标准值作用下硅酮结构密封胶的粘结宽度并取其较大值且不得小于7.0 mm。

(3) 硅酮结构密封胶应打注饱满，并应在温度15 ℃~30 ℃、相对湿度50%以上、洁净的室内进行，不得在现场打注。

隐框玻璃幕墙

7. 立柱和横梁等主要受力构件其截面受力部分的壁厚检验

立柱和横梁等主要受力构件其截面受力部分的壁厚应经计算确定且铝合金型材壁厚不应小于 3.0 mm，钢型材壁厚不应小于 3.5 mm。

8. 幕墙的防火检查

幕墙的防火除应符合现行国家标准《建筑设计防火规范》（GB 50016—2014）的有关规定外还应符合下列规定。

（1）应根据防火材料的耐火极限决定防火层的厚度和宽度，并应在楼板处形成防火带。

（2）防火层应采取隔离措施。防火层的衬板应采用经防腐处理，且厚度不小于 1.5 mm 的钢板，不得采用铝板。

（3）防火层的密封材料应采用防火密封胶。

（4）防火层与玻璃不应直接接触，一块玻璃不应跨两个防火分区。

9. 其他检查

（1）主体结构与幕墙连接的各种预埋件，其数量、规格、位置和防腐处理必须符合设计要求。

（2）幕墙的金属框架与主体结构预埋件的连接、立柱与横梁的连接及幕墙面板的安装必须符合设计要求，安装必须牢固。

（3）单元幕墙连接处和吊挂处的铝合金型材的壁厚应通过计算确定，并不得小于 5.0 mm。

（4）幕墙的金属框架与主体结构应通过预埋件连接，预埋件应在主体结构混凝土施工时埋入，预埋件的位置应准确。当没有条件采用预埋件连接时，应采用其他可靠的连接措施，并应通过试验确定其承载力。

（5）立柱应采用螺栓与角码连接，螺栓直径应经过计算，并不应小于 10 mm。不同金属材料接触时应采用绝缘垫片分隔。

（6）幕墙的防震缝、伸缩缝、沉降缝等部位的处理应保证缝的使用功能和饰面的完整性。

（7）幕墙工程的设计应满足维护和清洁的要求。

10. 幕墙工程验收时应检查的文件和记录

（1）幕墙工程的施工图、结构计算书、设计说明及其他设计文件。

（2）建筑设计单位对幕墙工程设计的确认文件。

（3）幕墙工程所用各种材料五金配件、构件及组件的产品合格证书、性能检测报告、进场验收记录和复验报告。

（4）幕墙工程所用硅酮结构胶的认定证书和抽查合格证明、进口硅酮结构胶的商检证、国家指定检测机构出具的硅酮结构胶相容性和剥离粘结性试验报告、石材用密封胶的耐污染性试验报告。

（5）后置埋件的现场拉拔强度检测报告。

（6）幕墙的抗风压性能、空气渗透性能、雨水渗漏性能及平面变形性能检测报告。

（7）打胶、养护环境的温度、湿度记录，双组分硅酮结构胶的混匀性试验记录及拉断试验记录。

(8)防雷装置测试记录。
(9)隐蔽工程验收记录。
(10)幕墙构件和组件的加工制作记录,幕墙安装施工记录。

(二)石材幕墙

1. 预埋件的锚固件

位置:施工精度;固定状态;有无变形、生锈;防腐涂料是否完好。
连接件:安装部位;施工精度;固定状态;防锈处理;垫片是否安装是否安放。
构架安装:安装部位;施工精度;固定状态;横平竖直、大面平整;防锈处理。
石材安装:石材的弯曲强度、吸水率;安装牢固;水平及垂直度;大面平整。
外观:色调、色差、污染清理、划痕。
功能:雨水泄水通路、密封状态;防锈处理。
密封胶嵌缝:注胶无遗漏;胶缝品质、形状、气泡;外观、色泽;周边污染清理;注胶变形在合适的温度和湿度的条件下进行。
石材幕墙安装后应进行"三性"检验,必须达到设计要求与规范规定。
清洁:清洗溶剂符合要求;清洗无遗漏、无残留物。

2. 石材的质量控制

(1)石材幕墙工程的石材宜选用火成岩,石材的吸水率应小于0.8%。
(2)花岗岩板材的弯曲强度应经检测机构检测确定,其弯曲强度不应小于8.0 MPa。
(3)石材表面的处理方法应根据环境和用途确定。
(4)为满足等强度计算的要求,火烧石板的厚度应比抛光石材厚3 mm。
(5)石材表面应采用机械加工。加工后的表面应用高压水冲洗,严紧用溶剂型的化学清洗剂清洗石材。
(6)当采用含有放射性物质时,应进行放射性测定,测定结果应符合现行国家标准《建筑材料放射性核素限量》(GB 6566—2010)的规定。
(7)石材的技术要求和性能的试验方法应符合现行国家标准和行业标准。
(8)石材的加工。
1)石板连接部位应无崩坏、暗裂等缺陷。其他部位崩边不应大于5 mm×20 mm,或缺角不大于20 mm 时可修补后使用,但每层修补的石板块数不应大于2%,且宜用于立面不明显的部位。
2)石板的外形尺寸(包括异形尺寸)应符合设计要求。
3)石板的表面的色泽应符合设计要求。
4)火烧石应按样板检查火烧后的均匀程度,火烧石不得有暗裂、崩裂情况。
5)石板的编号应同设计编号相一致,不得因加工而造成混乱。
6)石板的加工尺寸的允许偏差应符合国家标准《天然花岗石建筑板材》(GB/T 18601—2009)的有关规定中一等品的要求。
7)钢销安装方式的石板加工:钢销的位置应根据板材的大小而定。孔位距离边端不得小于石板厚度的3倍,也不得大于180 mm;钢销间距不宜大于600 mm;边长不大于1 m 时,每边应设两个钢销,边长大于 1 m 时,应采用复合连接;石板的钢销孔的深度宜为 22～33 mm,孔径宜为 7 mm 或 8 mm,钢销直径宜为 5 mm 或 6 mm,钢销长度宜为 20～30 mm;石材的钢销孔处不得有损坏或崩裂现象,孔内应光滑、洁净。

8) 通槽安装方式的石板加工:石板通槽的宽度宜为 6 mm 或 7 mm,不锈钢支承板的厚度不宜小于 3.0 mm,铝合金支承板的厚度不宜小于 4.0 mm;石板开槽后不得有损坏和崩裂现象,槽口应打磨成 45°倒角;槽内应光滑、洁净。

9) 短槽安装方式的石板加工:每块石板的上下边应各开两个短平槽(长度不应小于 100 mm),在有效长度内槽的深度不宜小于 15 mm;开槽宽度宜为 6 mm 或 7 mm。弧形槽的有效长度不应小于 80 mm;两短槽边距边端的距离不得小于石板厚度的 3 倍,也不得大于 180 mm;石板开槽后不得有损坏和崩裂现象,槽口应打磨成 45°倒角;槽内应光滑、洁净。

3. 金属材料

(1) 不锈钢材料宜采用奥氏体不锈钢材,其技术指标应符合现行国家标准的规定。

(2) 钢材技术指标应符合现行国家标准的规定。钢结构幕墙高度超过 40 mm 时,钢构件宜采用高耐候结构钢,并应在其表面涂刷防腐剂。钢构件采用冷弯薄壁型钢时,除应符合现行国家标准《冷弯薄壁型钢结构技术规范》(GB 50018—2002)规定外,其壁厚应通过计算确定,但不得小于 3.5 mm。防腐处理应按钢结构防腐要求进行。

(3) 采用的五金件应符合设计要求和现行国家标准。

4. 密封材料

(1) 幕墙应采用中性硅酮结构密封胶、中性硅酮耐候胶,必须有与所接触材料的相容性试验报告。硅酮结构密封胶应符合现行国家标准《建筑用硅酮结构密封胶》(GB 16776—2005)的规定。

硅酮耐候密封胶的性能应符合表 4-4 的规定。

表 4-4 硅酮耐候密封胶的性能指标

项　　目	性　　能	
	金属幕墙用	石材幕墙用
表干时间	1～1.5 h	
流淌性	无流淌	≤10 mm
初期固化时间(≥25 ℃)	3 d	4 d
完全固化时间(相对湿度≥50%,温度 25 ℃±2 ℃)	7～14 d	
邵氏硬度	20～30	15～25
极限拉伸强度	0.11～0.14 MPa	≥1.79 MPa
断裂延伸率	—	≥300%
撕裂强度	3.8 N/mm	—
施工湿度	5 ℃～48 ℃	
污染性	无污染	
固化后的变位承受能力	25%≤δ≤50%	δ>50%
有效期	9～12 个月	

同一幕墙工程应采用同一品牌的单组分或双组分的硅酮密封胶，并应有保质年限的质量证书。用于石材幕墙的硅酮结构密封胶还应有证明无污染的试验报告。

同一幕墙工程应采用同一品牌的硅酮结构密封胶和硅酮耐候密封胶配套使用。硅酮结构密封胶、硅酮耐候密封胶应在有效期内使用。

（2）橡胶条应有化学成分化验报告和保质年限证书；使用的低发泡间隔双面胶带应符合现行行业标准《玻璃幕墙工程技术规范》(JGJ 102—2003)的有关规定。

（3）石材幕墙的造型、立面分格、颜色、光泽、花纹和图案应符合设计要求。

（4）根据板材的安装方式要求，石材的孔、槽的数量、位置、尺寸应符合设计要求。

（5）石材幕墙与主体结构连接的预埋件，应在主体施工时按设计要求埋设。预埋件应牢固，位置准确，预埋件的位置误差应按设计要求进行复查。当设计无明确要求时，预埋件的标高误差不应大于 10 mm，预埋件位置误差不应大于 20 mm。

对于后置埋件应进行抗拔力试验，抗拔力应符合设计要求。

对预埋件和后置埋件应进行工种间的检验交接，施工双方、监理工程师均应在交接记录上签署。

5. 石材幕墙

石材幕墙的金属框架立柱与主体的预埋件的连接、立柱与横梁的连接、连接件与金属框架及连接件的防腐处理应符合设计要求。

监理工程师应采用手扳检查与进行隐蔽验收。验收应按下列要求进行。

立柱安装标高偏差不应大于 3 mm，轴线前后安装偏差不应大于 2 mm，左右偏差不应大于 3 mm；相邻两根立柱安装标高偏差不应大于 3 mm，同层立柱的最大标高偏差不应大于 5 mm，相邻两根立柱的距离偏差不应大于 2 mm。

立柱一般为竖向构件，它的安装的准确性和质量，影响到整个幕墙的安装质量，是幕墙安装质量控制的关键之一。

应将横梁两端的连接件及垫片安装在立柱的预定位置，并应安装牢固，其接缝应严密；横梁与立柱的连接尽量采用螺栓连接，连接处应用弹性橡胶块，橡胶块应有 10%～20%的压缩性，以适应和消除横向的温度变形的影响。

相邻两根横梁水平标高偏差不应大于 1 mm。同层标高偏差：当一幅幕墙宽度小于或等于 35 m 时，不应大于 5 mm；当一幅幕墙宽度大于 35 m 时，不应大于 7 mm。

6. 石板的安装要求

应对横梁连接进行检查、测量、调整。石板安装左右、上下的偏差不应大于 1.5 mm；石板空缝安装时，必须有防水措施，并应有符合设计要求的排水出口。

填充硅酮耐候密封胶时，金属板缝的宽度、厚度应根据硅酮耐候胶的技术参数，经计算后确定；幕墙的钢构件的施焊，应符合钢结构的施工要求，施焊后其表面应采取有效的防腐措施。

幕墙竖向和横向板材组装安装允许偏差见表 4-5。

表 4-5　幕墙竖向和横向板材组装安装允许偏差

项　目	尺寸范围	允许偏差	检查方法
相邻两竖向板材间距尺寸（固定端头）	—	±2.0 mm	钢卷尺

续表

项 目	尺寸范围	允许偏差	检查方法
两块相邻金属板	—	±1.5 mm	靠尺
相邻两横向板材间距尺寸	间距≤2 000 mm 间距>2 000 mm	±1.5 mm ≤2.0 mm	钢卷尺
分格对角线差	对角线长度≤2 000 mm 对角线长度>2 000 mm	≤3.0 mm ≤3.5 mm	钢卷尺
相邻两块横向板材的水平标高差	—	≤2.0 mm	水平仪
横向板材的水平度	构件长度≤2 000 mm 构件长度>2 000 mm	≤2.0 mm ≤3.0 mm	水平仪或水平尺
竖向板材的直线度	—	2.5 mm	2.0 m 的靠尺和钢卷尺
石板下连接托板水平夹角 允许向上倾斜，不准向下倾斜	—	+2.0° 0	塞尺
石板上连接托板水平夹角 允许向下倾斜	—	0 -2.0°	—

7. 其他要求

（1）石材幕墙的防火、保温、防潮材料设置应符合设计要求，并应密实、均匀、厚度一致。

（2）幕墙的防雷装置必须与主体结构的防雷装置可靠连接。要求与玻璃幕墙相同。

（3）检查各种变形缝、墙角的连接节点应符合设计要求和技术标准的规定。石板的转角宜采用不锈钢支承件或铝合金型材专用组建组装。当采用不锈钢支承件组装时，不锈钢支承件的厚度不应小于 3 mm；当采用铝合金型材专用组件组装时，铝合金型材的壁厚不应小于 4.5 mm，连接部位的壁厚不应小于 5 mm。

（4）检查幕墙板缝的注胶：注胶应饱满、密实、连续、均匀、无气泡，宽度和厚度应符合设计要求和技术标准的规定。

（5）喷水检验，石材幕墙应无渗漏。根据《建筑幕墙》(GB/T 21086—2007)的有关规定，在一般情况下，在幕墙安装两个层高，以 20 m 长度作为一个试验段，要在进行镶嵌密封后，并在接缝按设计要求进行防水处理后，再进行渗漏性检测。喷射水头应垂直于墙面，沿缝前后移动每处喷射时间约 5 min(水压应根据条件而定)，在试验时在幕墙内侧检查是否漏水。

（6）每平方米石材幕墙的表面质量和检验方法，见表 4-6。

表 4-6 每平方米石材幕墙的表面质量和检验方法

项 目	质量要求	检验方法
明显划伤和长度>100 m 的轻微划伤	不允许	观察
长度≤100 mm 的轻微划伤	≤8 条	用钢尺检查
擦伤总面积	≤500 mm^2	用钢尺检查

三、监理形成的技术资料

(1) 承包商资格报审表。
(2) 设计交底及图纸会审纪要。
(3) 工程开工准备检查报告。
(4) 开工、停工、复工指令。
(5) 工程监理配合要求。
(6) 施工进度计划报审表及审核意见。
(7) 材料报审表及抽查记录。
(8) 构件质量现场检查记录。
(9) 构件质量抽样检查试验报告。
(10) 构件出厂合格证。
(11) 涂装检测资料。
(12) 工程中间检查记录。
(13) 幕墙工程质量评定汇总表。
(14) 监理成果报告书。
(15) 工程量进度报审表。
(16) 工程监理例会纪要。
(17) 监理日记。
(18) 其他。

想一想练一练：

1. 简述幕墙工程监理的依据。
2. 幕墙工程在施工前监理主要做哪些工作？
3. 建筑密封胶（耐候胶）和结构硅酮密封胶检查内容有何不同？在使用时能否代替使用？
4. 解释幕墙工程的"四性试验"。
5. 幕墙工程应对哪些材料及其性能指标进行复验？
6. 幕墙工程应对哪些隐蔽工程项目进行验收？
7. 玻璃幕墙中对半成品加工质量检查的抽样检查是如何规定的？
8. 简述玻璃板加工质量监督检查内容。
9. 简述隐框、半隐框幕墙所采用结构粘结材料的检验内容。
10. 玻璃幕墙工程验收时应检查哪些文件和记录？
11. 简述石材幕墙中预埋件的锚固件、构架、石材安装的检查内容。
12. 简述石材幕墙中石材的质量控制内容。
13. 幕墙工程监理验收后应形成的技术资料有哪些？

任务六　涂饰工程监理员的工作及相关内容

涂饰工程的作用是利用各种建筑涂料，采用喷涂、弹涂、滚涂等方法，以取得不同的建筑物表面的质感，从而达到装饰与保护基材的双重目的。涂料施工现场如图4-10所示。

图4-10　涂料施工现场示意图

任务目标

1. 熟悉涂饰工程监理工作的规范依据。
2. 掌握涂饰工程的监理流程。
3. 熟悉涂饰工程的基层处理检查验收规定和进场验收内容。
4. 熟悉涂饰工程的水性涂料和溶剂型涂料施工验收的主控项目和一般项目内容。
5. 掌握涂饰工程验收应形成的文件与记录。

规范依据

1. 施工合同、监理合同等。
2. 工程施工图设计文件和设计变更。
3. 《房屋建筑工程施工旁站监理管理办法（试行）》。
4. 《建筑装饰装修工程质量验收规范》（GB 50210—2018）。
5. 《住宅装饰装修工程施工规范》（GB 50327—2001）。
6. 《民用建筑工程室内环境污染控制规范（2013版）》（GB 50325—2010）。

任务实施

一、涂饰工程监理工作流程

涂饰工程应按水性涂料涂饰、溶剂型涂料涂饰、美术涂饰共3个分项工程进行质量验收。监理时应按照以下流程进行：熟悉施工图设计文件→组织图纸会审→审核施工组织设计、施工技术方案和技术交底→审查施工技术工人资格→对原材料进行严格检查→巡视、平行检查施工过程→施工企业自检→监理工程师组织有关单位进行验收→(合格)进行下一道工序施工/(不合格，整改，重新验收，直至合格，再进入下一道工序施工)。

二、事前控制中的监理工作

（1）对涂饰工程的基层处理进行检查验收，核查是否符合下列规定。

1）新建筑物的混凝土或抹灰基层在涂饰涂料前应涂刷抗碱封闭底漆，表面应平整光滑、线角垂直；纸面石膏板基层应按照设计要求对板缝、钉眼进行处理后，满刮腻子、砂纸打光；清漆木质基层表面应平整光滑、颜色协调一致，表面无污染、裂缝、残缺等缺陷；调和漆木质基层表面应平整光滑、无严重污染；金属基层表面应进行防锈和除锈处理。

2）旧墙面在涂饰涂料前应清除疏松的旧装修层并涂刷界面剂。

3）混凝土或抹灰基层涂刷溶剂型涂料时含水率不得大于8%，涂刷乳液型涂料时含水率不得大于10%，木材基层的含水率不得大于12%。

4）基层腻子应平整、坚实、牢固、无粉化、无起皮和无裂缝，内墙腻子的粘结强度应符合《建筑室内用腻子》（JG/T 298—2010）的规定。

5）厨房、卫生间、浴室墙面必须使用耐水腻子。

（2）涂饰材料的进场验收。同其他材料进场一样，监理应协同施工方检查进场材料外，还应检查：

1）涂饰工程的施工图设计说明及其他设计文件。

2）材料的产品合格证书、性能检测报告和进场验收记录。

3）施工记录。

三、事中及事后控制中的监理工作

基层处理的质量是影响涂刷质量的最主要因素之一。监理人员巡视时首先要注意施工的环境条件是否符合要求，在不符合要求时有否有效的措施。在配制材料的地点，注意查看材料的品种、配制的方法，是否按方案进行配制，如计量器具的使用、材料的品种有无变化、用水是否符合要求等。应检查水泥、大白粉、胶水材料等主要材料是否有不正常的情况。如水泥、大白粉结块，胶凝材料有冻块状等，是否与已经过试验合格的材料的外观有明显的差异，如有差异应要求施工人员进行见证取样。应注意查看腻子是否搅拌熟，稠度能否满足施工要求。腻子应随拌随用完，监理员应注意腻子一次的拌制量能否与消耗速度协调，在正常停工之前能消耗完的可看作协调速度。在出现非正常停工时，对拌制时间过长、有硬块现象、无法搅拌均匀的要求承包单位弃用。

1. 水性涂料涂饰工程

水性涂料涂饰工程施工的环境温度应在5 ℃~35 ℃之间。

(1) 主控项目。

1) 涂料的品种、型号和性能。通过检查产品合格证书、性能检测报告和进场验收记录,确定水性涂料涂饰工程所用涂料的品种、型号和性能是否符合设计要求。

2) 颜色、图案。通过观察,检查水性涂料涂饰工程的颜色、图案是否符合设计要求。

3) 均匀性。通过观察和手摸检查,检查水性涂料是否涂饰均匀、粘结牢固,有无漏涂、透底、起皮和掉粉。

4) 基层处理。通过观察、手摸检查和检查施工记录,确定基层处理是否符合前述二(1)的要求。

(2) 一般项目。

1) 薄涂料涂饰质量要求及检验方法,见表4-7。

表 4-7 薄涂料涂饰质量要求及检验方法

序号	项目	普通涂饰	高级涂饰	检验方法
1	颜色	均匀一致	均匀一致	观察
2	泛碱、咬色	允许少量轻微	不允许	
3	流坠、疙瘩	允许少量轻微	不允许	
4	砂眼、刷纹	允许少量轻微砂眼,刷纹通顺	无砂眼、无刷纹	
5	装饰线、分色线直线度允许偏差/mm	2	1	拉5 m线,不足5 m拉通线,用钢直尺检查

2) 厚涂料涂饰质量要求及检验方法,见表4-8。

表 4-8 厚涂料涂饰质量要求及检验方法

序 号	项 目	普通涂饰	高级涂饰	检验方法
1	颜色	均匀一致	均匀一致	观察
2	泛碱、咬色	允许少量轻微	不允许	
3	点状分布	—	疏密均匀	

3) 复层涂料涂饰质量要求及检验方法,见表4-9。

表 4-9 复层涂料涂饰质量要求及检验方法

序 号	项 目	质量要求	检验方法
1	颜色	均匀一致	观察
2	泛碱、咬色	不允许	
3	喷点疏密程度	均匀,不允许连片	

2. 溶剂型涂料涂饰工程

主控项目:

(1) 涂料的品种、型号和性能。通过检查产品合格证书、性能检测报告和进场验收记录,确定水性涂料涂饰工程所用涂料的品种、型号和性能是否符合设计要求。

(2)颜色、光泽、图案。通过观察，检查涂饰工程的颜色、光泽、图案是否符合设计要求。

(3)均匀性。通过观察和手摸检查，检查涂料是否涂饰均匀、粘结牢固，有无漏涂、透底、起皮和反锈。

(4)基层处理。通过观察、手摸检查和检查施工记录，确定基层处理是否符合前述二(1)的要求。

监理工程师对溶剂型涂料涂饰工程的施工采用巡视、平行检查相结合的方式进行检查验收。

四、验收应形成的文件与记录

(1)在施工时，监理工程师应监督施工人员密切配合做好基体或基层、设备、管道预埋和洞口的预留施工，即时检查并签认相关隐蔽工程签证。

(2)监理工程师对施工企业不按照施工质量验收规范施工的必须坚决制止，并责令改正，必要时下发《监理工程师通知书》责令改正。

(3)检验批、分项工程的验收必须具备的质量控制资料：
1)施工图及设计变更文件。
2)材料的产品合格证、性能检测报告、进场验收记录。
3)施工记录。
4)检验批、分项工程质量验收记录。
5)其他必要的文件和记录。

> **想一想练一练：**
> 1. 涂饰工程的监理规范依据有哪些？
> 2. 简述涂饰工程监理工作流程。
> 3. 列举基层处理时的监理工作。
> 4. 水性涂料涂饰工程的主控项目有哪些？
> 5. 溶剂型涂料涂饰工程的主控项目有哪些？
> 6. 涂饰工程检验批、分项工程的验收必须具备哪些质量控制资料？

任务七　建筑地面工程监理员的工作及相关内容

建筑地面工程属于单位工程下的装饰与装修分部工程中的地面子分部工程。建筑地面工程采用的材料应按设计要求和《建筑地面工程施工质量验收规范》(GB 50209—2010)的规定选用，并应符合国家标准的规定；进场材料应有中文质量合格证明文件、规格、型号及性能检测报告，对重要材料应有复验报告。有防水要求的建筑地面工程，铺设前必须对立管、套管和地漏与楼板节点之间进行密封处理；排水坡度应符合设计要求。地面工程施工如图4-11所示。

图4-11 地面工程施工图

任务目标

1. 熟悉建筑地面工程监理规范依据。
2. 熟悉地面工程监理流程。
3. 了解事前控制内容，特别是基层的处理。
4. 掌握验收阶段监理的工作内容。
5. 掌握验收内容及方法，特别是主控项目的内容。
6. 掌握验收应形成的文件与记录。

规范依据

1. 建设工程合同和施工组织设计。
2. 建设工程委托监理合同、经批准的监理规划。
3. 与专业工程相关的标准、设计文件和技术资料。
4. 《建筑地面工程施工质量验收规范》(GB 50209—2010)。
5. 《建筑工程施工质量验收统一标准》(GB 50300—2013)。
6. 国家有关工程建设的法律、法规，地方性法规、规章和有关的文件规定。

任务实施

一、建筑地面工程监理工作流程

建筑地面工程监理工作流程如图4-12所示。

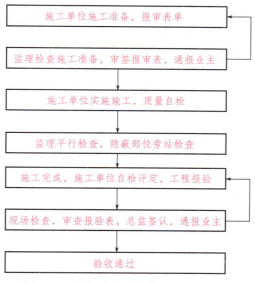

图 4-12 建筑地面工程监理工作流程图

二、事前控制中的监理工作

（1）熟悉设计图纸及有关技术要求，根据施工质量验收规范的要求向施工单位进行交底，督促施工单位组织技术交底并形成交底记录。

（2）所有材料进场时应对品种、规格、外观和尺寸进行验收。材料包装应完好，应有产品合格证书、中文说明书及相关性能的检测报告；进口产品应按规定进行商品检验。施工单位质检员自检合格，填报《工程材料/构配件/设备报审表》，配合监理人员对运抵现场的材料进行检查，符合设计及施工规范要求的，签返《工程材料/构配件/设备报审表》同意进场。不符合设计及施工规范要求的，则要求施工单位清退不合格的材料，并记录在监理日记上。

（3）进场后需要进行复验的材料应根据进场数量分批次抽样送检，监理人员按见证制度要求监督取样送检。合格者，签返《工程材料/构配件/设备报审表》同意使用。不合格者，监理人员应在《工程材料/构配件/设备报审表》上签署不合格意见，监督施工单位将不合格材料完全撤出施工现场，并记录在监理日记上。

（4）地面（或楼面）的垫层以及预埋在地面内各种管线已做完。穿过楼面的竖管已安完，管洞已堵塞密实。

（5）墙面的+50 cm水平标高线已弹在四周墙上。

（6）门框已立好，并在框内侧做好保护。

（7）墙、顶抹灰已做完，屋面防水已做完。

（8）对承包单位资质进行审核：

1）审查企业注册证明和资质等级，要求交验有关证明材料。

2）主要施工经历或业绩。

3）技术力量情况。

4）施工机具、设备情况。
5）对近期已完成或在建工程进行实际考察。
6）资金或财务状况。
7）对承包单位选择的分包单位，必须按规定审查、认证，符合条件方允许进场施工。
8）对施工的技术工种、上岗证进行审核。

二、事中及事后控制中的监理工作

1. 一般规定

总体要求应符合《建筑地面工程施工质量验收规范》（GB 50209—2010）的规定。

（1）地面与楼面各层的厚度和连接件的构造应符合设计要求。如设计无要求，应符合规范的规定。

（2）各层地面与楼面工程，应在有可能损坏其下一层的其他工程完工后进行。

（3）铺设各层地面与楼面工程时，其下一层应符合规范的有关规定才可继续施工；有特殊要求的分工程应做好隐蔽工程记录。

（4）地面与楼面工程施工时，各层表面的温度以及铺设材料的温度应符合有关规定：

1）用掺有氯化镁成分的拌合料铺设面层、结合层时，不应低于 10 ℃，并应保持其强度达到不小于设计要求的 70%。

2）用掺有水泥的拌合料铺设面层、找平层、结合层和垫层以及铺设黏土面层时，不应低于 5 ℃，并应保持至其强度不小于设计要求 50%。

3）用掺有石灰的拌合料铺设垫层时，不应低于 5 ℃。

4）用沥青玛琋脂作结合层和填缝料铺设块料、拼花木板、硬质纤维板和地漆布面层，以及铺设沥青碎石面层时，不应低于 5 ℃。

5）用胶粘剂粘贴塑料板、硬质纤维板和拼花木板面层时，不应低于 10 ℃。

6）在砂结合层以及砂和砂石垫层上铺设块料面层时，不应低于 0 ℃，且不得在冻土上铺设。

7）铺设碎石、卵石、碎砖垫层和面层时，不应低于 0 ℃。

（5）混凝土和水泥砂浆试块的做法及强度检验，应按现行国家标准《混凝土结构工程施工质量验收规范》（GB 50204—2015）的有关规定执行。

（6）在基土上铺设有坡度的地面，应修整基土来达到所需的坡度。在钢筋混凝土板上铺设有坡度的地面与楼面，应用垫层或找平层来达到所需的坡度。

（7）严禁在已完成的楼地面上拌和砂浆、揉制油灰、调制油漆等，防止地面污染受损。

（8）厨、浴厕间、阳台、外走道地面应低于居室地面相对标高 15 mm；厨、浴厕间、阳台、外走道等处的地漏低于相对地面标高 10 mm。

2. 混凝土垫层监理工作

以混凝土垫层为例，混凝土垫层监理流程图如图 4-13 所示。

监理在垫层施工中，采用巡视和平行检验的方式进行，落实并执行好巡视、平行检验监理工作制度。

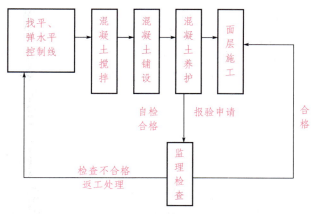

图 4-13 混凝土垫层监理工作流程图

3. 防滑地砖面层监理工作

以防滑地砖面层为例，防滑地砖面层监理工作流程如图 4-14 所示。

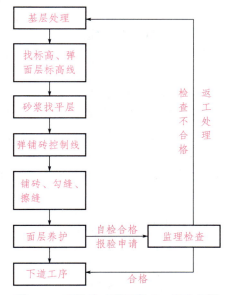

图 4-14 防滑地砖面层监理工作流程图

监理在面层施工中，同样采用巡视和平行检验的方式进行，落实并执行好《巡视、平行检验监理工作制度》(详见附录)。

4. 工程验收阶段的监理工作

(1) 工程检验评定标准和检验方法应执行《建筑地面工程施工质量验收规范》(GB 50209—2010) 与《建筑装饰装修工程质量验收规范》(GB 50210) 的规定。

(2) 检查数量：施工单位自检按上述规范执行，监理抽查数量不少于施工单位自检数量的 20% 抽取。

（3）验收顺序：施工单位自检合格，报送"报验申请表"、《分项工程质量检验评定表》和有关质量保证资料。

监理抽查：属于实测记录在监理《分项工程质量检验评定表》上，属于保证资料和其他核查资料记录和附于《报验申请表》上，监理核查总监核签后，通过验收。

三、验收内容及方法

1. 水泥混凝土垫层

水泥混凝土施工质量检验应符合《混凝土结构工程施工质量验收规范》（GB 50204—2015）的有关规定。室内地面的水泥混凝土垫层，应设置伸缩缝，其间距不得大于 6 m。

施工过程中应要求施工单位加强自检，对垫层标高的控制线仔细复核无误后，方可进行垫层的铺设。

（1）主控项目。

1）粗、细骨料。通过观察、检查材质合格证及检测报告，检查采用的粗、细骨料是否符合施工规范的要求。

2）混凝土强度等级。通过观察、检查配合比通知单及检测报告，核查混凝土强度等级是否符合设计的要求。

（2）一般项目。

1）表面平整度。通过水准仪、尺量检查允许偏差是否在 5 mm 范围内。

2）标高。通过水准仪、尺量检查允许偏差是否在 ±10 mm 范围内。

3）坡度。通过水准仪、尺量检查允许偏差是否在不大于房间尺寸的 2/1 000 mm，且不大于 30 mm 范围内。

4）厚度。通过水准仪、尺量检查允许偏差是否在不大于设计厚度的 1/10 范围内。

2. 水泥砂浆面层

（1）主控项目。水泥采用硅酸盐水泥、普通硅酸盐水泥，其强度等级不应小于 32.5 级，不同品种、不同强度等级的水泥严禁混用；砂应为中粗砂，当采用石屑时，其粒径应为 1~5 mm，且含泥量不大于 3%。

1）水泥强度等级。通过检查材质、合格证及检测报告确定是否符合设计及施工规范的要求。

2）水泥砂浆配合比和强度等级。通过检查配合比通知单和检测报告确定配合比是否符合设计要求；强度等级是否大于 M15。

3）面层与下一层的结合。通过用小锤轻击检查面层与下一层的结合是否牢固，无空鼓、裂纹等现象。

（2）一般项目。对所抹的灰饼、冲筋进行复核，检查无误后进行下道工序。面层砂浆应紧跟水泥结合层随刷随铺。水泥砂浆面层完成后，保持湿润养护不少于 7 d。

1）表面坡度。通过泼水观察或用坡度尺检查是否符合设计要求。

2）面层表面。通过观察，检查面层表面是否洁净，有无裂纹、脱皮、麻面、起砂等缺陷。

3）踢脚线。通过用小锤轻击、钢尺和观察检查踢脚线是否有空鼓,高度是否一致,出墙厚度是否均匀。

4）楼梯踏步的宽度、高度。通过尺量检查确定是否符合设计要求。

5）表面平整度。通过尺量检查确定是否符合允许偏差 4 mm 的要求。

6）踢脚线上口平直度。通过尺量检查确定是否符合允许偏差 4 mm 的要求。

7）缝格平直。通过尺量检查确定是否符合允许偏差 3 mm 的要求。

3. 防滑地砖面层

在铺贴前,应对砖的规格尺寸、外观质量、色泽等进行预选,浸水湿润晾干待用。基层清理要干净。水泥浆结合层涂刷面积不应过大,应随铺随刷。在有地漏的房间,必须在找标高、弹线时找好坡度,抹灰饼和标筋时抹出泛水。在踢脚板镶贴前,先检查墙面平整度,进行处理后再镶贴。勾缝应采用同品种、同强度等级、同颜色的水泥,并做养护和保护,不应过早上人。在大面积施工前,应按规定铺设样板间,经检查达到要求的质量标准后,再进行全面施工。

（1）主控项目。

1）地砖的品种、质量。通过观察、检查材质合格证及检测报告确定是否符合设计要求。

2）面层与下一层的结合。通过用小锤轻击检查结合处是否牢固,有无空鼓现象。

（2）一般项目。

1）面层表面。通过观察,检查面层表面是否洁净、图案清晰、色泽一致;接缝是否平整、深浅一致,周边顺直;折块有无裂纹、掉角和缺楞现象。

2）踢脚线表面。通过观察和用小锤轻击及钢尺检查踢脚线表面是否洁净、高度一致、结合牢固、出墙厚度一致。

3）楼梯踏步。通过观察和尺量检查相邻踏步高度差是否大于 10 mm；防滑条是否顺直。

4）面层坡度。通过观察、泼水或用坡度尺检查坡度是否符合设计要求,有无倒泛水、积水现象。

5）面层与地漏、管道结合处。通过蓄水检查其严密性牢固度,有无渗漏现象。

6）表面平整度。通过尺量检查其允许偏差是否在 2 mm 范围内。

7）缝格平直。通过尺量检查其允许偏差是否在 3 mm 范围内。

8）接缝高低差。通过尺量检查其允许偏差是否在 0.5 mm 范围内。

9）踢脚线上口平直。通过尺量检查其允许偏差是否在 3 mm 范围内。

10）板块间隙宽度。通过尺量检查其允许偏差是否在 2 mm 范围内。建筑地面工程完工后,施工质量验收应在建筑施工企业自检合格的基础上,由监理单位组织有关单位对分项、子分部工程进行检验。

四、验收应形成的文件与记录

（1）检验批质量验收记录。

（2）分项工程质量验收记录。

（3）分部(子分部)工程质量验收记录。

(4)报验申请表。
(5)工程材料/构配件/设备报审表。
(6)监理工程师通知回复单。
(7)监理工程师通知单。
(8)监理工作联系单。
(9)监理日记。

想一想练一练：

1. 简述建筑地面工程的监理规范依据。
2. 简述建筑地面工程的监理流程。
3. 简述材料进场时监理的验收内容。
4. 地面工程施工前，对承包单位资质进行审核的内容有哪些？
5. 简述工程验收阶段的监理工作内容。
6. 水泥混凝土垫层的主控项目有哪些？一般项目有哪些？
7. 水泥砂浆面层的主控项目有哪些？一般项目有哪些？
8. 建筑地面工程监理验收时应形成的文件与记录有哪些？

项目五

安全管理中监理的工作

安全是在人类生产过程中，将系统的运行状态对人类的生命、财产、环境可能产生的损害控制在人类能接受水平以下的状态。要树立"安全第一，预防为主"的意识，通过合理的必要的措施防止危险事故的发生。养成热爱生命、远离危险的职业素养，关心他人、热爱生活的优秀品质。

任务一　大型机械安装、使用、拆除中监理的工作及相关内容

任务目标

1. 熟悉大型机械安拆工程监理规范依据。
2. 理解大型机械安拆工程监理工作流程。
3. 熟悉大型机械安拆工程监理的事前控制内容。
4. 掌握监理在大型机械安拆过程中的工作内容。
5. 了解大型设备安装或搭设工艺程序。
6. 熟悉大型设备安装与拆除安全要求。
7. 学会大型设备安装与拆除监理中的表格正确填写。

规范依据

1. 已批准的监理规划。
2. 已批准的施工组织设计和专项方案。
3. 《建筑施工安全检查标准》(JGJ 59—2011)。
4. 《建筑机械使用安全技术规程》(JGJ 33—2012)。
5. 《龙门架及井架物料提升机安全技术规范》(JGJ 88—2010)。

项目五　安全管理中监理的工作

任务实施

一、监理工作流程

大型机械安拆监理工作流程如图 5-1 所示。

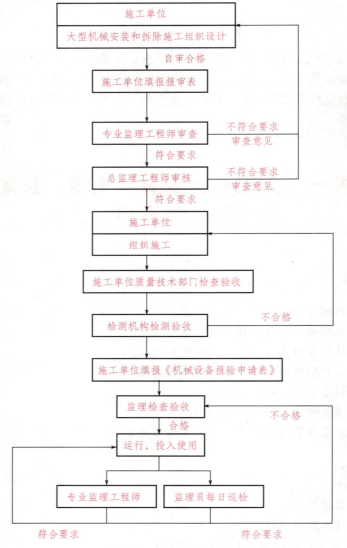

图 5-1　大型机械安拆监理工作流程图

二、事前控制中的监理工作

(1)要求施工单位提交已经批准的专项施工组织设计或方案,并对专项施工组织设计或方案进行审查,提出书面审查意见。

(2)检查安拆单位及人员是否具备相关资质。

(3)产品合格证、准用证和设计使用年限是否符合要求。

(4)基础形式是否满足要求,有无进行计算,计算对有关荷载、地质情况是否考虑全面。

(5)作业现场环境条件是否满足安拆要求,危险区域有无围蔽和设警示标志。

(6)作业人员有无做足安全防护措施,有无违规操作现象。

(7)钢井架物料提升机。

1)安装作业前检查的内容包括金属结构、提升机结构、电气设备、基础的位置和做法、地锚和附墙架连接件、架体和缆风绳。

2)拆除作业前检查的内容包括提升机与建筑物及脚手架的连接情况,提升机架体有关其他牵拉物、附墙架、缆风绳及地锚的设置情况,地梁和基础的连接情况。

(8)施工电梯。检查的内容包括导轨架垂直度及与外墙距离、上下运行试验、附壁杆、梯笼无配重时措施、拆平衡重注意事项、坠落试验。

(9)塔式起重机。检查的内容包括有无向主管部门办理拆装告知手续,液压提升状况,电气设备、线路、拆装前检查,各机构、各部位、拆装中突发情况的处理预案。

三、事中及事后控制中的监理工作

严格遵照设备的安装程序和规定,进行设备的安装和接高搭设工作。应有安装许可证,安装及拆除应有专人负责及指挥。

(1)对安装拆除的全过程进行旁站监理。

(2)监督施工方确保架设过程中的安全。

1)检查安全围栏等安全措施是否落实。

2)高空作业人员必须佩戴安全带。

3)按规定及时设置临时支撑、缆绳或附墙拉结装置。

4)在统一指挥下作业。

5)安装区域内停止进行有碍确保架设安全的其他作业。

(3)设备安装完毕后,监理人员全面检查安装(搭设)的质量是否符合要求,并及时督促解决存在的问题。

(4)设备使用完毕,督促施工方按拆除方案规定的程序和要求做好围栏等保安措施后,再进行拆除工作。

(5)设备拆除过程监理人员随时检查安全措施及保安人员指挥调度工作。

(6)大型设备安装或搭设工艺程序。

1)塔式起重机。吊起一个塔身标准节放在引进小车上→将起重小车和平衡重移到相应位置→把过渡节承座以上全部结构包括顶升套架顶到规定高度→套架定位销就位→缩进活塞杆→依靠引进机构把载着标准节的摆渡小车开到套架中央的引进空间里→把扁担梁落在已引进的标准节上的水平腹杆节点上,并插好扁担梁的销子→提起待接高的标准节。依靠引进机构将引进小车拉出→将接高的标准节落在上面的塔身上→打进过冲销钉,安装螺栓使新接高的标准节与原塔身上连在一起→再次顶起承座以上和套架,以能拔出定位销为止→落下过渡节,使具与新接高的标准节连在一起→爬升完毕后,将平衡重开回复位,把液压操纵手炳放在原位,切断油泵电动机的电源,并将爬升操纵系统和油箱等用保护罩罩好。

2)外用电梯。将部件运至安装地点→装底笼和二层标准节→装梯笼→接高标准节并随设附墙支撑→安配重。

电梯安装,拆除应按所用电梯的安装拆除说明书的程序和要求进行。拆除程序与安装的程序相反。

3)井字架(扣件式钢管井架)。根据施工组织设计的规定按顺序,依次逐层搭设立杆,横杆剪刀撑及与附墙拉结(高层井架)、缆风绳(低层井架)。

(7)大型设备安装与拆除安全要求。

1)塔式起重机。

①三级风以上应停止爬升或拆卸,如爬升或拆卸过程中突然起风,必须停止作业,并将塔身螺栓紧固。

②爬升、拆除过程中,严禁旋转塔帽。

③如附着使用,顶升到规定高度时,必须用锚固装置将塔身附在建筑物的框架上,第一道离地面 30~40 m 以上,各道相隔 10~20 m。

④爬升系统的安全阀一经调好,不宜调动。

⑤塔式起重机的安装、顶升、拆卸等工作,必须由取得"塔式起重机拆装许可证"的单位负责进行。

2)外用施工电梯。

①地基预埋件必须牢固可靠,外笼底盘与基础表面接触良好。

②确保导轨架的垂直度。

③连接螺栓必须加弹簧垫圈拧紧。

④齿条与齿轮间齿顶间隙为 2.1~2.4 mm。

⑤插入接头应涂钙基润滑脂。

⑥站台应具有足够的承载力和两边设栏杆。

3)井字架搭设和拆除。

①在主体结构施工阶段使用井架要分段搭设,第一段高度不超过 30 m。按低层井架的要求设置缆风。随着结构主体的升高,每隔 1~2 层(不超过 6 m)设一道附墙拉结,并可将墙一侧的缆风随后拆除。

②井架与结构的附样拉结要牢固。
③井架的悬空长度(位于拉结点之上)不得大于 10 m。
④不宜在高层井架之上加设拔杆或其他附加装置。
⑤进楼栈桥的立杆不得利用井架立杆,应分开架设。
⑥井架的侧面,除进出材料外,均应自下而上连续设置剪刀撑。
⑦支撑天轮梁的横杆应采用双杆,与井架中立柱采用双扣连接,并加斜支杆。

四、监理工作记录表格

(1)《机械设备现场安装安全监理旁站记录表》见附表 10。
(2)《安全旁站监理记录表》见附表 11。

> **想一想练一练:**
> 1. 大型机械安装、使用、拆除前监理需要审查哪些文字资料?
> 2. 常用大型机械有哪些?在安拆、使用中监理监管的安全工作分别有哪些?
> 3. 你认为塔式起重机、外用施工电梯、井字架安装与拆除安全要求中哪些最重要?每个试列出三项。

任务二 脚手架安装、使用、拆除中监理员的工作及相关内容

任务目标

1. 熟悉脚手架安装、使用、拆除中监理规范依据。
2. 掌握脚手架安装、使用、拆除前的监理工作内容。
3. 熟悉对脚手架安装、使用、拆除中的材料监理控制有关规定。
4. 掌握脚手架安装、使用、拆除各个阶段的过程控制措施及要求。
5. 掌握施工单位提供的安全管理资料、监理单位的安全管理资料名称。

规范依据

1. 《建设工程安全生产管理条例》。
2. 《房屋建筑工程施工安全旁站监理的管理办法(试行)》。
3. 《建筑施工高处作业安全技术规范》(JGJ 80—2016)。
4. 《建筑施工门式钢管脚手架安全技术规范》(JGJ 128—2010)。
5. 《建筑施工扣件式钢管脚手架安全技术规范》(JGJ 130—2011)。
6. 经审查批准的施工组织设计和安全专项施工方案或经专家论证通过的专项施工方案。

任务实施

一、事前控制中的监理工作

(1) 认真审核施工单位编制的施工组织设计,对脚手架安全技术措施和脚手架受力计算进行审查,确保脚手架施工安全,凡计算书中没有安全合格结论的应返工。

(2) 督促施工单位制定各级安全生产责任制、安全管理目标、安全责任目标及安全生产检查制度。

(3) 编制监理方案及安全监理细则。

(4) 认真核实"工程项目开工安全生产条件检查表"内容的完成情况,达不到要求的,督促整改。

(5) 审查施工单位报送的作业人员的数量及上岗证是否符合要求。

(6) 针对工地现场可能出现的安全问题,提醒施工单位引起重视,尽量做到事前控制。

(7) 制定安全监理检查制度,及时检查发现安全隐患,对存在隐患通过发监理工程师通知单或及时召开安全专题会议协调解决。

(8) 督促检查悬挑式脚手架搭设前准备工作。

1) 悬挑脚手架应按相关规定编制施工方案,施工单位分管负责人应审批签字,项目分管负责人应组织有关部门验收,经验收合格签字后,方可作业。悬挑脚手架方案应包括悬挑脚手架装拆施工要求、施工顺序、安全措施,并附安全验算结果、详图及说明。

2) 脚手支撑系统必须保证稳定可靠,通常应经过设计计算。既保证工程质量又确保施工安全。对于满堂悬挑脚手架和 100 m^2 以上的大面积支撑排架,必须编制专项施工组织设计(或方案),并严格按要求进行支撑搭设。

3) 脚手支撑系统用受力构件必须有合格证和准用证。

4) 脚手架的搭设与拆除必须由有资质的架子工完成,并经施工单位的安全技术部门复验合格后挂牌方可使用。

5) 吊、挂、挑、爬悬挑脚手架在搭设前,必须向架子工进行专项安全教育,同时也要对使用者进行安全教育,制定操作规程,并由专人负责架子的升降。

二、事中及事后控制中的监理工作

1. 材料监理控制

(1) 按规范规定和施工组织设计的要求对钢管、扣件、脚手板和安全网等进行检查验收,不合格产品不得使用。

(2) 检查脚手架钢管应有质量合格证、质量检验报告及直径、规格、型号符合施工组织设计要求,对有严重锈蚀、弯曲、压扁或有裂缝的钢管严禁使用。

(3) 检查新扣件应有生产许可证、法定检测单位的检测报告和产品质量合格证,对有裂缝、变形、滑丝的扣件严禁使用。

(4) 检查安全网应是建设部认证产品,各项指标应满足施工组织设计及规范要求。

(5) 检查脚手板的材料应符合规范和满足施工组织设计承载力要求,腐朽的脚手板不得使用。

2. 脚手架安装过程监理控制

检查脚手架安装施工是否符合安全规范要求。钢管扣件式脚手架构造如图 5-2 所示。

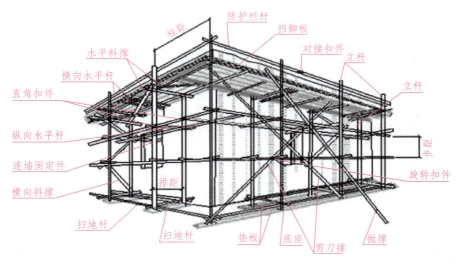

图 5-2 钢管扣件式脚手架构造示意图

落地式钢管扣件脚手架

(1) 脚手架的基础及扫地杆:脚手架地基与基础必须根据脚手架搭设的高度、搭设场地的地质情况,满足脚手架承载力,确保底部立杆的稳定性,使各立杆均匀受力,在立杆下部设置纵横两个方向的扫地杆,扫地杆离支座距离不超过 200 mm。

(2) 立杆:立杆底部应设置底座或垫块,立杆除顶层顶步可采用搭接外,其余各层各步接头必须采用对接扣件对接,立杆顶端栏杆宜高出女儿墙上端 1 m，高出檐口上端 1.5 m，立杆必须用连墙件与建筑物可靠连接。

(3) 水平杆：纵向水平杆宜设置在立杆内侧，其长度不宜小于 3 跨，纵向水平杆对接时扣件应交错布置，不宜设在同步或同跨内水平方向两个相邻接头在水平方向错开距离大于 500 mm；纵向水平杆搭接长度不小于 1 m，应等间距设置 3 个旋转扣件固定，端部扣件盖板边缘至搭接纵向水平杆杆端的距离不小于 100 mm。横向水平杆在双排脚手架靠墙一端至墙装饰面的距离不宜大于 100 mm。

(4) 脚手板：作业层脚手板应满铺、铺稳，距离墙面 120~150 mm；脚手板在两端和拐角处、沿长方向间隔 15~20 m 处、坡道及平台两端及其他可发生滑动的部位应给予固定，操作层外侧设置不小于 180 mm 的挡脚板。

(5) 剪刀撑：高度在 24 m 以下的单双排脚手架，均必须在外侧立面的两端各设置一道剪刀撑，并应由底至顶连续设置，中间各道剪刀撑之间的净距不应大于 15 m；高度在 24 m 以上的双排脚手架应在外侧立面整个长度和高度上连续设置剪刀撑，每道剪刀撑宽度不应小于 4 跨，且不小于 6 m，斜杆与地面的倾角宜为 45°~60°，每道剪刀撑跨越立杆的根数应符合表 5-1 的规定。

表 5-1 剪刀撑布置规定

剪刀撑斜杆与地面的倾角	45°	50°	60°
剪刀撑跨越立杆的最多根数	7	6	5

(6) 连墙件：对于 24 m 以下的单排脚手架宜采用刚性连墙件与建筑物可靠连接，也可采用拉筋和顶配合使用的附墙连接方式，严禁使用仅有拉筋的柔性连墙件。对 24 m 以上的双排脚手架，必须采用刚性连墙件与建筑物可靠连接。连墙件布置规定见表 5-2。

表 5-2 连墙件布置规定

连墙件布置最大间距	脚手架高度/m	竖向间距 h/m	水平间距 L_a/m	每根连墙件覆盖面积/m²
双排满地	≤50	3	3	≤40
双排悬挑	>50	2	3	≤27
单排	≤24	3	3	≤40

注：h—步距；L_a—纵距。

(7) 悬挑式脚手架。

1) 每层搭设完后的悬挑脚手架必须进行验收，确认合格后方准使用，并定期检查、保养，挂验收合格牌后方可使用。

2) 施工承包方应编制悬挑脚手架施工应急预案。

3) 装拆作业人员应具有"特种作业人员"上岗操作证书，且证书应在有效期内。

悬挑式脚手架

4) 施工作业前，施工方技术人员应向全体作业人员进行操作技术和安全技术措施的交底，并有交底记录。

5) 对钢板、卡箍与预埋件的位置、数量、混凝土强度等隐蔽工程要经施工单位验收符合设计要求后，报审监理复核后方可进行悬挑脚手架搭设。

6) 脚手架一次搭设高度不应超过相邻连墙件以上两步。剪刀撑、横向斜撑搭设应随立杆、纵向和横向水平杆等同步搭设。严禁在钢管上打孔。严禁将外径 48 mm 和 50 mm 的钢管混合使用。旧扣件使用前应进行质量检查，有裂缝、变形的严禁使用，出现滑丝的螺钉必须更换。

7) 脚手板铺设必须满铺、铺稳，材质应符合规范要求。悬挑脚手架的作业层外侧应按照临边洞口防护的规定设置防护栏杆和挡脚板，防止人、物的坠落。架体外侧用密目网封严。

3. 脚手架使用期间的监理控制

对使用中的脚手架，应定期检查并做记录，发现隐患需通知限期整改完善，检查主要项目：

（1）地基是否积水，底座是否松动，立杆是否悬空。

（2）脚手架的整体与垂直度偏差和立杆的沉降是否符合规范要求，特别是要注意脚手架的转角处和断口处的垂直度。

（3）扣件螺栓是否松动。

（4）脚手板是否松动、悬挑，特别是接口及转角位置。

（5）与建筑物的连接件是否完好，有无松动、移动。

（6）外包安全网、外挑安全网、安全隔离设施、外侧挡板、栏杆等安全防护措施是否完整、牢固，能否正常发挥安全作用。

（7）脚手架的开口、断口和出入口应进行重点检查是否符合安全规范要求。

（8）检查脚手架的荷载情况，使其实际承载不超过设计荷载，脚手架上的施工材料应随用随运，施工荷载不得大于施工组织设计的承载要求。

（9）脚手架在使用期间，严禁拆除纵横不平杆、纵横扫地杆及连墙件。

（10）定期检查脚手架阶段验收情况，是否符合规范要求，验收作业人员及上岗证件等是否已变更。

（11）施工现场带电线路，如无可靠的安全措施，一律不准通过脚手架，非电工不得擅自接电线、电器装置。

（12）在脚手架上进行电、气焊作业时，必须有动火报告，并报主管部门批准，必须有防火措施和专人看守。

4. 脚手架拆除阶段的监理控制

检查脚手架拆除施工是否符合安全规范要求，其检查主要项目：

（1）拆除脚手架时，地面应设置围栏和警戒标志，并派专人看守，严禁非工作人员入内。

（2）拆除作业必须由上而下逐层进行，严禁上下同时作业。

（3）连墙件必须随脚手架逐层拆除，严禁先将连墙件整层或数层拆除后再拆除脚手架。分段拆除高差不应大于2步，如高差大于2步，应增设连墙壁件加固。

(4)各构配件严禁抛至地面。

(5)当脚手架采取分段、分立面拆除时,对不拆除的脚手架两端,应按规范规定设置连墙件和横向斜撑加固。

5. 脚手架的安全管理控制

建筑工地的现场安全管理应依照国家颁布的《安全生产法》《建设工程安全生产管理条例》等的有关规定,全面做好该工地的安全管理工作。

(1)认真审查施工单位报送来的施工组织设计中的安全技术措施及各专项施工方案是否符合工程建设强制性标准,对不符合要求的部分必须返回施工单位进行修改,施工组织设计、方案未得到批准以前,不允许开工。

(2)监理人员将每天对脚手架工程进行安全检查,发现安全隐患及时指出并责令整改。

(3)对于工地出现的所有安全隐患,监理人员将书面通知施工单位,要求限期整改完善。

(4)对于安全隐患,若施工单位迟迟不能按监理通知单要求进行整改的,或在有关安全隐患的部位(工序)继续坚持施工的,监理人员将发出局部工序的停工令,并要求对安全隐患限期整改完毕同时通知建设单位,要求建设单位协助做好工地的安全管理。

(5)经监理人员多次指出,施工单位对安全隐患拒不整改或者不停止施工的,监理人员将及时向当地质监分站报告。

(6)通过工地施工例会,及时协调安全隐患中出现的有关难点、要点,采取有效措施,防止不安全事故发生。

三、文档资料管理

1. 施工单位提供的安全管理资料

(1)施工(组织)设计(或专项施工方案)。
(2)搭设单位资质、特殊工种上岗证。
(3)施工机械、安全设施验收核查表。
(4)安全交底记录。

2. 监理单位的安全管理资料

(1)监理工程师通知单和整改回复单。
(2)现场巡视旁站检查表。
(3)安全监理工作月报表。
(4)专项安全监理细则。
(5)专项安全施工方案、施工机械、安全设施、安全交底及验收情况检查汇报总表。
(6)市政、电气、水务等专业工程安全监理用表可结合实际另行制定。
(7)安全监理日记、月报和影像资料。

> **想一想练一练：**
> 1. 简述脚手架安装、使用、拆除中监理规范依据。
> 2. 简述脚手架安装前的监理工作。
> 3. 悬挑式脚手架搭设前准备工作有哪些？
> 4. 简述材料监理控制内容。
> 5. 简述脚手架的基础及扫地杆规定。
> 6. 简述脚手架水平杆的规定。
> 7. 简述脚手架脚手板的规定。
> 8. 简述脚手架剪刀撑的规定。
> 9. 简述悬挑式脚手架的安装规定。
> 10. 对使用中的脚手架应定期检查并做记录，发现隐患需通知限期整改完善，检查主要项目有哪些？
> 11. 脚手架拆除施工需符合安全规范要求，监理检查主要项目有哪些？
> 12. 脚手架的安全管理中，监理工作有哪些？
> 13. 验收时，施工单位提供的安全管理资料有哪些？
> 14. 监理单位的安全管理资料有哪些？

任务三　临时用电日常检查监理工作

临时用电具有负荷量大、动力机械设备多、专业性强，对管理人员素质要求高等特点。通过安全监理，督促施工单位以安全方式安全用电，确保安全防护措施到位。追求最大限度不发生安全事故，确保安全生产，如图5-3、图5-4所示。

图5-3　临时用电（一）

图 5-4 临时用电(二)

任务目标

1. 熟悉施工现场临时用电监理规范依据。
2. 理解施工现场临时用电监理工作流程。
3. 掌握施工现场临时用电的事前控制监理内容。
4. 掌握施工现场临时用电的事中及事后控制监理内容。
5. 掌握施工现场临时用电的文档资料管理。

规范依据

1. 工程监理合同。
2. 安全监理方案、临时用电施工方案。
3. 《施工现场临时用电安全技术规范》(JGJ 46—2005)。
4. 《建设工程施工现场供用电安全规范》(GB 50194—2014)。

任务实施

一、监理工作流程

施工现场临时用电监理工作流程如图 5-5 所示。

任务三 临时用电日常检查监理工作

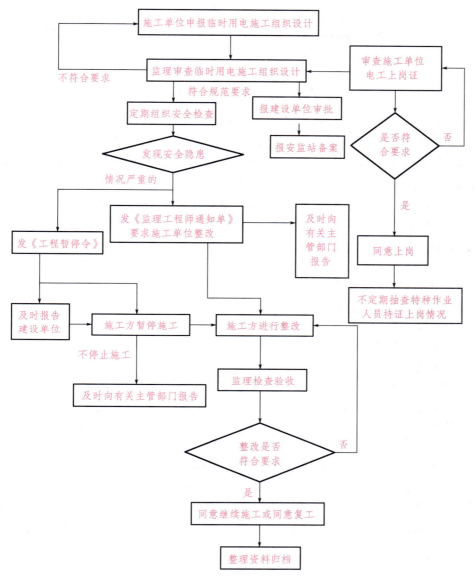

图 5-5 施工现场临时用电监理工作流程图

二、事前控制中的监理工作

(1) 审查施工单位编制的临时用电方案。
(2) 对施工现场电工及用电人员进行检查。
1) 电工作业人员应持有相关部门培训合格,特种作业人员持证上岗。
2) 施工现场临时用电施工,是否符合临时用电施工组织设计和安全操作规程。
3) 电工人员不得带电作业,当确需带电作业时,必须设监护人,严禁独立作业;非电工人员严禁进行电工及电工维修作业;电工人员必须正确使用电工器具,严禁徒手或使用

187

可导电物进行挂接、虚接等违章作业。

4）使用电气设备前必须按照规定穿戴和配备好相应的劳动防护用品，并对电气装置和保护设施进行运转前检查，严禁带"病"作业。

三、事中及事后控制中的监理工作

（1）定期对施工现场临时用电进行检查。

1）电源进线、变电所、配电室、总配电箱、分配电箱等的位置及线路走向是否与"临时用电施工组织设计"一致；（三级配电，二级保护）。

2）变压器容量、导线截面和电器的类型、规格是否与"临时用电施工组织设计"一致。

（2）施工现场的临时用电工程专用的电源中性点直接接地 220/380 V 三相四线制低压电力系统，必须符合下列规定。

1）采用三级配电系统。

2）采用 TN-S 接零保护系统。

3）采用二级漏电保护系统。

临时用电施工组织设计，必须履行"编制、审核、批准"程序，由电气工程技术人员组织编制，经相关部门审核及具有法人资格企业的技术负责人批准后实施。变更用电施工组织设计时应补充有关图纸资料。

（3）定期检查接地电阻、绝缘电阻和漏电保护器漏电动作参数测定记录表。

（4）在巡视检查施工现场中，对发现存在的安全隐患及时通知施工单位及时整改处理，并履行复查。

（5）施工现场临时用电配电室及自备电源的检查要点。检查施工现场临时用电的配电室耐火等级不得低于 3 级，室内设置防火砂箱和专用消防器材。

（6）施工现场对外电路的安全距离及防护的检查要点。

1）在建工程不得在外电架空线路正下方施工，搭设作业棚。建造生活设施或堆放构件、架具、材料等其他杂物，在建工程（含脚手架）的周边与外电架空线路的边线之间最小安全操作距离应符合表 5-3 的规定。

表 5-3　在建工程周边与外电架空线路的边线之间最小安全操作距离

外电线路电压等级/kV	<1	1~10	35~110	220	330~500
最小安全操作距离/m	4.0	6.0	8.0	10	15

2）当达不到表 5-3 的规定时，必须采用绝缘隔离防护措施，并应悬挂醒目标志牌。架设防护设施时，必须经有关部门批准，采用线路暂时停电或其他可靠的安全技术措施，并应有电气工程技术人员和专职安全人员监护。

防护设施与外电线路之间的安全距离应不小于表 5-4 的规定，且防护设施应坚固、稳定且对外电线路的隔离防护应达到 IP30 级。

表 5-4　防护设施与外电线路之间的最小安全距离

外电线路电压等级/kV	≤10	35	110	220	330	500
最小安全操作距离/m	1.7	2.0	2.5	4.0	5.0	6.0

3)电气设备现场周围不得存放易爆物、污源和腐蚀介质,否则应予清除或做防护处置;防护等级必须与环境条件相适应。

(7)施工现场临时用电的接地与接零保护系统的检查要点。

1)在施工现场专用变压器供电的 TN-S 接零保护系统中,电气设备的金属外壳必须与保护零线连接,保护零线应由工作接地线、配电室(总配电箱)电源侧零线或总漏电保护器电源侧零线处引出。

2)当施工现场与外电线路共用同一供电系统时,电气设备的接地、接零保护应与原系统保持一致,不得一部分设备做保护接零,另一部分设备做保护接地。

采用 TN 系统做保护接零时,工作零线(N 线)必须通过总漏电保护器,保护零线(PE 线)必须由电源进线零线重复接地处或总漏电保护器电源侧零线处,引出形成局部 TN-S 接零保护系统。

3)PE 线上严禁装设开关或熔断器、严禁通过工作电流、严禁断线。

4)TN 系统中的保护零线除必须在配电室或总配电箱处做重复接地外,还必须在配电系统的中间处和末端处做重复接地。

5)在 TN 系统中,保护零线每一处重复接地装置的接地电阻值不应大于 10 Ω,在工作接地电阻值允许达到 10 Ω 的电力系统中,所有重复接地的等效电阻值不应大于 10 Ω。在 TN 系统中,严禁将单独敷设的工作零线再做重复接地。

(8)施工现场配电箱及电气元件设置的检查要点。

1)总配电箱、分配电箱、开关箱的设置是否符合《施工现场临时用电安全技术规范》(JGJ 46—2005)的规定。

每台用电设备必须有各自专用的开关箱,严禁用同一个开关箱直接控制两台及两台以上的用电设备(含插座)。

2)是否符合"三级配电两级保护"要求。

3)开关箱是否执行"一机一闸一漏一箱"设置,有无一箱多用现象。

4)开关箱有无漏电保护或保护器失灵现象。

5)配电箱内是否按级别分别装设了总隔离开关(可见明显断开点的)。

6)配电箱、开关箱设置安装高度是否符合规范要求;安装位置是否合理。

7)配电箱、开关箱外形结构是否能防雨、防尘。配电箱、开关箱内闸具有无损坏。

8)漏电保护器是否安装设在总配电箱、开关箱靠近负荷的一侧(先闸后保),有无用于启动电气设备的操作现象。

9)开关箱必须装设隔离开关、漏电保护器。漏电保护器的额定漏电动作电流不应大于 30 mA,额定漏电动作时间不应大于 0.1 s。

10)对配电箱、开关箱进行定期检修、检查时,必须分断前一级电源并悬挂"禁止合闸，有人工作"标志牌，严禁带电作业。

(9) 施工现场临时用配电线路的检查要点。

1) 是否采用五芯电缆，严禁四芯电缆外敷一根导线或采用四芯铠装电缆的铠作为保护接零使用。

2) 埋地电缆在穿越建筑物、构筑物、道路、易受机械损伤、介质腐蚀场所以及引出地面从 2.0 m 高到地下 0.2 m 处，是否加设防护套管（防护套管内径不小于电缆外径的 1.5 倍）。

3) 是否存在电缆老化、破皮未包扎现象，过道电缆有无过道防护。

4) 是否有架空电缆，其设置是否符合《施工现场临时用电安全技术规范》(JGJ 46—2005) 要求。

5) 电缆必须包含淡蓝、绿/黄两种颜色绝缘芯线。淡蓝色芯线用作 N 线，绿/黄双色芯线用作 PE 线，严禁混用。

6) 电缆线路采用埋地或架空敷设，严禁地面明设。并应避免机械损伤和介质腐蚀。埋地敷设应设方位标志。

(10) 施工现场临时用电照明设备的检查要点。

1) 生活区照明线路必须单独设置漏电保护器。

2) 隧道、人防工程、高温、有导电灰尘、比较潮湿或灯具离地面高度低于 2.5 m 等场所照明，电源电压不应大于 36 V。

3) 在潮湿和易触及带电体场所的照明，电源电压不得大于 24 V。

4) 在特别潮湿的场所、导电良好的地面、锅炉或金属容器内的照明，电源电压不得大于 12 V。

5) 照明变压器必须使用双绕组型安全隔离变压器，严禁使用自耦变压器。

6) 在脚手架、物料提升机井架上安装临时照明时，照明线路是否穿管敷设。

7) 施工现场照明系统宜使三相负荷平衡，其中每一单相回路上，灯具和插座数量不得超过 25 个，负荷电流不宜超过 15 A。

四、文档资料管理

施工现场临时用电监理安全技术档案内容应真实、齐全，主要包括以下几个方面。

(1) 临时用电施工组织设计资料。

(2) 技术交底资料。

(3) 临时用电检查验收表。

(4) 电气设备的试验、检验凭单和调试记录。

(5) 接地电阻、绝缘测试记录表。

(6) 定期检（复）查表。

(7) 电工维修工作记录。

(8) 临时用电相关检查、记录附表。

> **想一想练一练：**
> 1. 施工现场临时用电的监理规范依据有哪些？
> 2. 施工现场电工及用电人员有哪些要求？
> 3. 简述监理定期对施工现场临时用电进行检查的内容。
> 4. 施工现场的临时用电三相四线制低压电力系统需符合哪些规定？
> 5. 简述施工现场临时用电施工组织设计的"编制、审核、批准"程序。
> 6. 简述施工现场临时用配电线路的检查要点。
> 7. 施工现场临时用电监理安全技术档案主要包括哪些内容？

任务四 "三宝、四口、五临边"的防护

在整个施工监理过程中必须切实贯彻"安全第一，质量第一"的宗旨，提高"三宝、四口、五临边"安全防范意识，树立"预防为主，狠抓源头，严处违章"的思想，坚决执行国家和企业的安全制度，贯彻落实"安全第一，预防为主"的方针。"三宝"防护是建筑工人安全防护的三件宝，即安全帽、安全带、安全网；"四口"防护即在建工程的预留洞口、电梯井口、通道口、楼梯口的安全防护设施；"五临边"防护一般指在建工程的楼面临边、屋面临边、阳台临边、升降口临边、基坑临边的安全防护设施。

三宝、四口、五临边示意图如图5-6所示。

图5-6 三宝、四口、五临边示意图

任务目标

1. 掌握"三宝、四口、五临边"防护的内容。
2. 熟悉"三宝、四口、五临边"监理规范依据。
3. 熟悉安全帽、安全带、安全网使用过程中的监理内容。
4. 掌握"四口"的安全防护监理内容。
5. 掌握"五临边"安全防护监理内容。

规范依据

1. 《中华人民共和国建筑法》。
2. 《中华人民共和国合同法》。
3. 《建筑工程旁站监理管理规定》。
4. 《中华人民共和国安全生产法》。
5. 《建设工程安全生产管理条例》。
6. 建筑工程施工合同及其他合同。
7. 《建设工程监理规范》(GB/T 50319—2013)。
8. 本工程地质勘察文件、施工图纸及有关设计文件。JGJ 80—2016 建筑施工高处作业安全技术规范。
9. 经批准的施工组织设计、监理规划及监理细则等。

任务实施

一、三宝(安全帽、安全带、安全网)的使用监理

(1)安全帽：凡进场人员都必须正确佩戴安全帽，作业中不得将安全帽脱下。正确佩戴安全帽的方法：戴安全帽高度为帽箍底边至人头顶端为 80~90 mm，安全帽抵抗冲击的能力必须符合国家标准规定，要扣好帽带，调整好帽衬间距。

安全帽必须符合《安全帽》(GB 2811—2007)的规定，购买安全帽，必须检查是否具有产品检验合格证，不准购买和使用不合格产品。

(2)安全带：安全带使用时要高挂低用，防止摆动碰撞，绳子不能打结，钩子要挂在连接环上，当发现有异常时要立即更换，换新绳时要加绳套，使用 3 m 以上的绳要加缓冲器。在攀登和悬空等作业中，必须佩戴安全带并有牢靠的挂钩设施。安全带应符合国家标准《安全带》(GB 6095—2009)规定的构造形式、材料、技术和使用保管上的要求。安全带不使用时要妥善保管，使用频繁的绳索经常做外观检查，不得采购和使用不合格产品。

(3)安全网：安全网在使用时必须经过安监站检测后，发准用证，方可使用。搭设要求如下。

1)平网的搭设：应设首层安全网，每层网距小于 10 m，操作层脚手板下设一层。建筑物的转角处，阳台口和平面突出部位，安全网要整体连接，不得中断，不允许出现漏洞。

电梯井口、管道竖井等处，除按高处作业规定设置保护措施外还应在电梯井内首层及每隔 10 m 且不大于 2 层加设一道水平安全网。

2)立网搭设：本工程主体结构施工采用附着式脚手架，附着式脚手架的里侧应用立网全封闭，立网与架体连接应使用绑绳逐点绑扎，不得跳绑、漏绑。拆除要求：安全网的拆除应在施工全部完成，作业全部停止后，经项目经理同意，方可拆除，拆除过程要有专人监护。拆除的顺序，应自上而下依次进行，下方应设警戒区，并设"禁止通行"等安全标志。

使用要求：在使用过程中，要配备专人负责保养安全网，并及时做检查和维修。网内

的坠落物经常清理，保持网体干净，要避免大量焊渣和其他火星掉入网内。

二、"四口"的安全防护监理

"四口"主要指楼梯口、电梯井口、预留洞口、通道口等各种洞口的防护应符合要求。

1. 不同尺寸的洞口防护监理巡查

（1）监理项目部监理人员要经常督促责承施工单位针对施工现场各层楼板、屋面和平台等面上短边尺寸小于25 cm且大于2.5 cm的孔口，必须用坚实的盖板盖住，盖板应能防止挪动移位。

（2）楼板面等处边长为25～50 cm的洞口安装预制构件时的洞口以及缺件临时形成的洞口，可用竹、木等作盖板，盖住洞口。盖板须能保持四周搁置均衡，并有固定其位置的措施，要经常监理巡查发现危险源隐患，及时通知施工单位进行整改。

（3）边长为50～150 cm的洞口，必须设置以扣件扣接钢管而成的网格，并在其上满铺竹笆或脚手板。也可采用贯穿于混凝土板的钢筋构成防护网，钢筋网格间距不得大于20 cm。

（4）边长在150 cm以上的洞口，四周设防护栏杆，洞口下设置安全平网。

2. 电梯井口防护监理巡查

监理项目部监理人员要经常督促责承施工单位，电梯井口必须设防护栏杆或固定栅门，并挂好安全警示标志，电梯井内应每隔两层（最多隔10 m）设一道安全网。未经上级主管技术部门批准，电梯井内不得做垂直运输通道和垃圾通道。

3. 通道口防护监理巡查

（1）由于上方施工可能坠落物件范围之内的通道在其影响的范围内，必须搭设双层防护棚。防护棚的宽度根据建筑物与围墙的距离而定，如距离超过6 m，防护棚搭设宽度为6 m。

（2）监理项目部监理人员要经常督促责承施工单位结构施工自二层起，凡人员进出的通道口（包括井架、施工电梯的进出通道口，以及施工人员的进出建筑物的通道口）均应搭设安全防护棚，高度超过24 m的层次，应搭设双层防护棚。

（3）支模、粉刷、砌墙等各工种进行立体交叉作业时，不得在同一垂直方向上操作。可采取时间交叉、位置交叉，如时间交叉、位置交叉不能满足施工要求时，必须采取隔离封闭措施后方可施工。

4. 监理巡查洞口防护设施的要求

（1）板与墙的洞口，必须设置牢固的盖板、防护栏杆、安全网或其他防坠落的防护设施。

（2）施工现场通道附近的各类洞口与坑槽等处，除设置防护设施与安全标志外，夜间还应设红灯警示。

（3）墙面等处的竖向洞口，凡落地的洞口应加装开关式、工具式或固定式的防护门，门栅网格的间距不应大于 15 cm，也可采用防护栏杆，下设挡脚板(笆)。

(4) 下边沿至楼板或底面低于 80 cm 的窗台等竖向洞口，如侧边落差大于 2 m 时，应加设 1.2 m 高的临时护栏。

(5) 对邻近的人与物有坠落危险性的其他竖向的孔、洞口，均应予以盖没或加以防护，并有固定其位置的措施。

三、"五临边"安全防护监理

施工现场中工作面边沿无围护设施或围护设施高度不足 80 cm 的高处作业称为临边作业。建筑施工"五临边"一般是指尚未安装栏杆的阳台周边，无外架防护的层面周边，框架工程楼层周边，上下跑道、斜道两侧边，卸料平台的外侧边。

1. 屋面和楼层临边防护监理巡查

无外脚手架的屋面与楼层周边，以及基坑周边、料台与挑平台周边、雨篷与挑檐边、水箱与水塔周边等处，都必须设置防护栏杆。本工程屋面与楼层周边搭有脚手架，全密目安全网封闭。

2. 楼梯、楼层、阳台临边防护监理巡查

首层墙高度超过 3.2 m 的二层楼层周边，无外脚手架的高度超过 3.2 m 的楼层周边，尚未安装栏杆或栏板的阳台、分层施工的楼梯口和楼段边，必须安装临时护栏。本工程楼层、阳台临边搭有脚手架，全密目安全网封闭。

3. 通道两侧边防护监理巡查

井架与外用电梯和脚手架等与建筑物通道的两侧边，必须设防护栏杆。

4. 临边防护栏杆的杆件规格监理巡查

临边防护栏杆杆件的规格及连接要求，应符合下列规定。

(1) 钢筋横杆上杆直径不应小于 16 mm，下杆直径不应小于 14 mm，栏杆柱直径不应小于 18 mm，采用电焊或镀锌钢丝绑扎固定。

(2) 钢管横杆及栏杆柱均采用 $\phi 48$ mm×(2.75~3.5) mm 的管材，以扣件或电焊固定。

(3) 以其他钢材如角钢等作为防护杆杆件时，应选用强度相当的规格，以电焊固定。

5. 临时防护栏杆的搭设要求

搭设临边防护栏杆时，必须符合下列要求。

(1) 防护栏杆应由上、下两道横杆及栏杆柱组成，上杆离地高度为 1.2 m，下杆离地高度为下栏杆在上栏杆和挡脚板中间设置。

(2) 栏杆柱的固定及其与横杆的连接，其整体构造应使防护栏杆在上杆任何处，能经受任何方向的 1 000 N 外力。当栏杆所处位置有发生人群拥挤、车辆冲击或物件碰撞等可能时，应加大横杆面或加密柱距。

(3) 防护栏杆必须自上而下用安全立网封闭，或在栏杆下边设置严密固定的高度不低于 18 cm 的挡脚板或 40 cm 的挡脚笆。挡脚板与挡脚笆上如有孔眼，不应大于 25 mm。板

与笆下边距离底面的空隙不应大于 10 mm。

（4）当临边的外侧面临街时，除防护栏杆外，敞口立面必须采取满挂安全网或其他可靠措施做全封闭处理。

> **想一想练一练：**
> 1. 简述"三宝、四口、五临边"的监理规范依据。
> 2. 什么是"三宝、四口、五临边"？
> 3. 监理在检查安全带时，安全带有什么规定？
> 4. 简述安全网平网的搭设要求。
> 5. 简述立网搭设要求。
> 6. 简述不同尺寸的洞口防护监理巡查内容。
> 7. 简述电梯井口防护监理巡查内容。
> 8. 简述通道口防护监理巡查内容。
> 9. 简述屋面和楼层临边防护监理巡查内容。
> 10. 简述楼梯、楼层、阳台临边防护监理巡查内容。
> 11. 临边防护栏杆杆件有哪些规定？
> 12. 搭设临边防护栏杆时，必须符合哪些要求？

任务五　现场消防检查中监理员的工作

建设单位、设计单位、施工单位、工程监理单位及其他与施工现场消防安全有关的单位，必须遵守消防安全法律、法规的规定，保证建设工程的消防安全，依法承担施工现场消防安全责任。工程监理单位和监理人员应当按照法律、法规和工程建设强制性标准实施监理，督促施工单位落实保障施工现场消防安全的有关措施，对施工现场消防安全承担监理责任。现场消防示意图如图 5-7 所示。

图 5-7　现场消防示意图

任务目标

1. 熟悉现场消防检查中监理的规范依据。
2. 熟悉现场消防检查的监理工作流程。
3. 掌握现场消防检查的监理事前控制内容。
4. 熟悉火灾自动报警系统工程、消防弱电工程、火灾报警系统工程、消防给水排水工程的事中控制内容。

规范依据

1. 监理合同及已批准的监理规划。
2. 有关的其他标准和规定。
3. 建设单位提供的施工图及资料说明。
4. 《建设工程监理规范》(GB/T 50319—2013)。
5. 《建筑工程施工质量验收统一标准》(GB 50300—2013)。
6. 《火灾自动报警系统施工及验收规范》(GB 50166—2007)。
7. 《自动喷水灭火系统施工及验收规范》(GB 50261—2017)。
8. 《建筑给水排水及采暖工程施工质量验收规范》(GB 50242—2002)。

任务实施

一、监理工作流程

(1) 熟悉设计文件、施工图及有关资料说明。
(2) 参加设计交底和图纸会审。
(3) 编制本专业监理实施细则。
(4) 审查承包单位提交的施工组织设计、方案、计划、申请、变更单,并向总监理工程师提出报告。
(5) 施工阶段对消防工程的施工质量、进度进行控制,并协助业主进行投资控制。
(6) 审查分包单位资质,并提出意见。
(7) 组织本专业分项工程验收、隐蔽工程验收以及工程的初步验收。
(8) 审查工程技术档案资料。
(9) 参与工程的竣工验收。
(10) 编写本专业的监理工作总结。

二、事前控制中的监理工作

(1) 杜绝没有上岗证的操作人员上岗操作,施工前先查验特殊工种人员的上岗证件,做到人、证一体。

（2）原材料检验、消防安装程序严格要求，杜绝不合格的产品进入现场。

（3）杜绝不规范的操作，消防工程必须按设计、规范、规程进行，现场开展工作前，应督促施工人员熟读图纸，了解设计意图，保证工程的顺利实施。

（4）施工前，应首先熟读图纸，组织有关人员进行必要的会审。控制系统施工竣工时，监理应检查施工队提交有关的技术文件，如隐蔽工程记录、竣工图、系统调试报告等。

三、事后控制

（一）火灾自动报警系统工程

基本的施工工序：材料送检→管线预埋→穿线（抹灰完毕后）→自动报警系统设施→消防器具等安装→送电调试。严禁工序颠倒，对每一道的工序质量把关应按如下方法进行。

（1）材料送检：对施工队购入现场的材料按种类分别记录进场的时间、数量，详细、认真检查材料的有关资料。把好质量关，需送检的材料，由监理专业工程师负责现场抽样送检，并对其结果进行核查。

（2）管线预埋：复核施工队的管线布放是否按图及规范进行，内容主要包括管径、走向及弯曲半径、线盒的安装位置、过线盒的设置，最后隐蔽签证。

（3）穿线：应督促施工队，穿线前应先进行管路的清扫，然后进行放线、导线的绝缘电阻测试。

（4）电器器具、灯具的安装：检查器具的安装是否合格，主要内容包括位置是否满足设计及规范要求，箱体及盒内的异物是否清理干净，面板是否周正。

（5）报警设备安装：报警设备安装是整个安装的心脏，影响面大，而且质量问题造成的负面影响不可估量，故在工程实施过程中，应将该安装工程视为重点，其质量控制具体为：

1) 施工单位资质、人员的审查。
2) 施工组织设计及施工方等的审查。
3) 设备的开箱和验收。
4) 设备的安装就位。
5) 设备的单体调试同。
6) 系统的调试方案。
7) 各类保护系统的模拟试验。
8) 调试报告的收集整理。
9) 控制电缆的施工方案。

（6）运行调试：检查所有供电回路是否符合设计及规范要求，各回路、绝缘应符合规范要求，标志应设置清楚，控制对象应正确无误，主回路与控制回路应有明显的区别，接线应正确到位。系统模拟实验结果正确，在此前提之下。

(二)消防弱电工程

该工程消防弱电部分：电话、火灾报警等系统。施工依据设计院所出蓝图及有关的标准图集，其质量要求，应执行国家颁布的有关规范及要求，实际施工过程中，应遵照基本的施工程序：熟读施工图纸→严把材料质量关→管线的预埋、预留→导线的穿管布放→配套器件的安装就位。

(三)火灾报警系统工程

火灾自动报警系统的施工，应按照设计图纸、设备安装使用说明书和国家现行标准的规定进行。

1. 火灾报警系统施工程序

探测器安装→火灾报警控制器安装→配线箱（接线箱）安装接线→消防控制设备安装→系统调试。

2. 质量控制点的设置及要求

(1)消防系统的布线、穿管敷设、布管的要求参照电气施工线路穿管敷设篇的要求，对于导线的要求，消防系统配线应采用防火阻燃型产品。

(2)火灾探测器的安装应参照下述条件进行。

1)探测区域内的每个房间至少应设一个火灾探测器，感温、感光探测器与光源的距离应大于1 m。

2)探测器至墙边、梁边的水平距离，不应小于0.5 m，探测器周围0.5 m内不应有遮挡物，探测器至空调送风口边的距离不应小于1.5 m，至多孔送风顶棚孔口的水平距离不应小于0.5 m，探测器必须倾斜安装时，倾斜角度不得大于45°。

3)按钮、警铃、门灯安装：警铃是一种火灾报警的讯响设施，应安装在门口、走廊和楼梯及人员多的地方，每个火灾监测区内应至少装设一个，安装在墙上，铃壳不应与屋顶、墙梁等相碰，安装在内墙上，与地面距离应大于2.5 m。门灯安装在房屋门上方或建筑物其他的明显部位，作为火警的重复显示，在安有门灯的并联回路中，任何一个探测器报警，门灯都应发出报警指示。

(3)区域报警控制器的安装接线。区域报警控制器的安装方式分为两类，即明装与暗装，暗装同照明配电箱，标高1.5 m。

1)明装。明装分为以下两种。

①壁挂式。

②落地式，要求参照配电屏安装。

2)暗装。端子箱为暗装。安装要求参照配电箱安装要求，配线应符合下列要求：配线整齐，避免交叉，应固定牢靠；电缆芯线和所配导线的端子上接线不得超过两根；电缆芯线和导线应留应有20 cm的余量；导线应绑扎成束；导线引入控制器后，应封闭线管口。

(4)系统调试：火灾报警系统的调整试验主要内容包括线路测试、火灾报警与自动灭火设备的单体功能试验，系统的接地测试和整体系统的开通调试，调试人员应在系统调试前，认真阅读施工布线图、系统原理图，了解火警设备的性能及技术指标，对有关数据的整定值调整技术标准做到心中有数，方可进行调整试验工作。

1）线路测试：首先进行外部检查，检查各种配线情况，利用图纸对照设备、观察其相互关系，判断是否正确，探测器械警铃、手动报警按钮安装位置是否正确，探测器周围 0.5 m 内是否有遮挡物。

2）各种火警设备接线是否正确，接线排列是否合理，接线端子处的标牌编号是否齐全，导线压接螺丝下是否有弹性垫圈；对接线板、元件、设备上的接线端子要逐一拧紧。

3）对报警控制地址指示灯标牌是否齐全，屏蔽线是否连接，工作接地和保护接地是否接线正确。

4）校验每个回路，以导通法查对传输线路敷设，接线是否正确，检验二次回路接线正确与否，在探测器、手动报警按钮等回路均设置有终端电阻，需检查是否连接有终端电阻，其电阻值是否与设计相符。

5）用 500 V 兆欧表分别检查导线与导线、导线对地、导线对屏蔽层的绝电阻，其阻值应 ≥ 20 MΩ，利用其专用的测试仪器对报警系统中的各种功能和探测器的响应做更进一步的测试。测试合格后，方可进行系统的开通调试，系统开通调试应对报警控制进行检测。

6）火灾报警自检功能、消音、复位功能、故障报警功能、火灾优先功能、报警优先功能、电源自动转换和备用电源的自动充电功能、备用电源的欠压和过压报警功能。

（5）技术资料的收集与整理：调试完毕，系统运行后，施工队应提交下述资料，作为系统安装调试的技术资料，成为日后维修、使用、扩充的重要依据。资料内容应包括以下几个方面：

1）系统的调试步骤。

2）调试方法和使用仪器。

3）系统故障的排除方法。

4）各类保护的整定数值。

火灾报警系统的安装调试工作，本节未涉及的内容，请参照国家规范、产品使用说明书及设计要求。

（四）消防给水工程

消防给水工程监理应遵守现行国家工程建设法规及其他有关规定规范、工程设计标准等，按照防火、安全等技术标准、核对各项工程设计是否符合防火、消防、安全等规范的要求。

按照国家规定的有关给水排水、消防的建设程序，工期定额、开工条件和竣工验收的规定，检查和签发水、消防工程施工安装的开工准备及开工和竣工报告。

按照有关工程建设施工安装规范、质量检验和评定标准检查、监督施工安装的质量。

按照施工安全法规和安全规范，检查、监督施工安全防护设施及安全管理措施，保障施工人员的人身安全和施工设备的安全。

在工程建设的监理过程中主要应进行如下工作。

1. 开工准备

应检查水设备、管材、型材、管件、各类阀门、配件及附属制品等的证明书、有关检验报告和产品合格证，其规格、型号、材质等必须符合设计要求。在安装使用前应做好检查、验证工作。

2. 检查施工应具备的作业条件

（1）根据设计要求，监督有关管道预制及加工。

（2）监督、配合、校对管道穿过基础、墙壁和楼板的预留孔洞、预埋套管及管道。

（3）预埋工作，加强隐蔽工程的检查。

（4）监督管道的支架、吊架、托架及管卡的设置与安装是否符合设计、规范要求。

（5）检查水输送设备的流量、扬程是否符合设计要求，且质量应有保证。

（6）管道安装完毕进行管道试压、闭水试验及管道系统的冲洗。

3. 消防器材管道

（1）消防器材必须符合设计及规范要求，产品质量及外观应合格。

（2）检查消防管道及设备安装前的作业条件是否具备。

（3）监督管道安装应严格按要求进行，消防器材的安装应按规定的程序进行。统筹兼顾，严格按图施工，不得随意拆、改喷洒管道，以保证施工安装质量，保证消防系统的安全性、灵敏性及严密性。

4. 管道及设备防腐和保温

检查所有防腐和保温材料的质量，所有管道及设备的防腐和保温必须按设计要求进行，监督管道及设备的防腐和保温的工艺作业顺利进行。

5. 电话、消火栓灭火等弱电系统

电话、消火栓灭火等弱电系统在工程后期由专业监理工程师进行质量检查，重点控制设备安装、系统调试质量，使其满足规范和设计要求，顺利通过专业部门验收。

6. 初步检查验收

竣工验收与分项验收前最好组织一次由总包、分包、业主、监理进行一次联合初步检查验收，对遗漏或不符要求的，要求承包方整改，必要时由业主邀请设计方参加。

7. 消防设备防护

消防设备现场周围不得存放易燃易爆物、污染源和腐蚀介质，否则应予清除或做防护处置，其防护等级必须与环境条件相适应。

消防设备设置场所应能避免物体打击和机械损伤。

想一想练一练：

1. 简述现场消防检查中监理的规范依据。
2. 简述现场消防检查的监理事前控制内容。
3. 简述火灾自动报警系统工程的施工工序。
4. 简述报警设备安装质量控制内容。
5. 简述按钮、警铃、门灯安装的规定。
6. 简述消防给水工程中施工应具备的作业条件。

项目六

其他工程中的监理员工作

给排水指的是城市用水供给系统、排水系统和建筑给排水，简称给排水。必须保证工程安全、使用功能、人体健康、环境效益和公众利益。建筑电气工程施工贯穿于建筑工程施工的始终，和整个建筑工程的工期、质量、投资以及预期效果有直接的关系，并对建筑工程整体的建设质量、建筑物整体设备的安全运行以及建筑工程施工的正常性、安全性和稳定性产生直接的影响。

激发学生的使命担当，让学生自己有能力去勇担建设制造强国的时代重任。

包含工业与民用建筑的室内给排水及建筑群(小区)室外给排水工程施工与验收的监督管理。室内给排水安装示意图如图6-1所示。

图6-1 室内给排水安装示意图

任务一 室内给排水工程监理员的工作及相关内容

任务目标

1. 熟悉室内给排水工程监理规范依据。
2. 掌握室内给水管道及配件安装工程监理工作的事前控制监理工作内容。
3. 掌握室内给水管道及配件安装工程验收的主控项目及一般项目内容。

项目六 其他工程中的监理员工作

4. 掌握室内排水系统安装工程监理工作的事前控制监理工作内容。
5. 熟悉室内排水系统安装工程验收的主控项目及一般项目内容。

规范依据

1. 施工图及相关设计文件。
2. 工程建设监理规划。
3. 施工合同及其他。
4. 《建设工程监理规范》(GB/T 50319—2013)。
5. 《建筑给水排水及采暖工程施工质量验收规范》(GB 50242—2002)。
6. 《建筑工程施工质量验收统一标准》(GB 50300—2013)。

任务实施

监理工作依据有关的委托合同、设计文件、施工规范、验评标准等分三个阶段进行，即准备阶段、施工阶段、验收评定阶段。

经检查，主控项目、一般项目均应符合设计和《建筑给水排水及采暖工程施工质量验收规范》(GB 50242—2002)的规定，评定合格。

一、室内给水管道及配件安装工程监理工作

1. 施工工艺及监理工作流程

安装准备→干管安装→支管安装→试压、冲洗→设备、给水配件安装→通水试验。

2. 事前(施工准备阶段)监理工作

(1)所使用的主要材料、成品、半成品、配件、器具和设备必须具有中文的质量合格证明文件，规格、型号及性能检测报告应符合国家技术标准和设计要求，进场时应做检查验收，并给监理工程师核查确认后方可使用。安装单位对所使用的管材、型钢等主要材料应填报《工程材料/构配件/设备报审表》，经监理工程师审验合格后予以签返。

(2)设计图纸及其他工程技术文件齐全，并有图纸会审纪要及技术人员《施工技术交底记录》。

(3)管道的标高及尺寸等符合设计要求。

3. 事中及事后(施工阶段)监理工作

(1)建筑给水、排水及采暖工程与相关各专业之间，应进行交接质量检验并形成记录。

(2)隐蔽工程在隐蔽前一定要经监理工程师检查验收合格后，才能进行隐蔽，并形成记录。

(3)主控项目。

1)室内给水管道的水压试验必须满足设计要求。金属及复合管给水管道系统试验压力下观测 10 min，压力降不应大于 0.02 MPa，然后降到工作压力进行检查。应不渗、不漏，塑料管给水系统应在试验压力下稳压 1 h，压力降不得超过 0.05 MPa，在工作压力的 1.15 倍状态

下稳压 2 h，压力降不得超过 0.03 MPa，同时检查连接处不得渗漏。当设计未注明时，各种材质的给水管道系统试验压力均为工作压力的 1.5 倍，但不得小于 0.6 MPa。

2）通过观察和开启阀门、水口等放水，检查给水系统交付使用前是否进行通水试验并做好记录。

3）通过检查有关部门提供的检测报告，核实生产给水系统、管道在交付使用前是否已冲洗和消毒，并经有关部门取样检验，符合国家标准《生活饮用水卫生标准》(GB 5749—2006)的规定，方可使用。

4）通过观察和局部解剖，检查室内直埋给水管道（塑料管和复合管道除外）是否已做防腐处理，埋地管道防腐层材质和结构是否符合设计要求。

5）室内消火栓系统安装完成后，通过实地试射，检查应尽量取屋顶层（或水箱间内）试验消火栓和首层取两处消火栓做试射试验，达到设计要求为合格。

6）消火栓给水管道的水压试验是否符合设计要求，高层建筑设计未标明时，试验压力一般为 1.4 MPa。

7）通过对照图纸用仪器和尺量，检查水泵就位前的基础混凝土强度、坐标、标高。尺寸和螺柱孔位置必须符合设计规定。

8）通过温度计实测，检查水泵试运转的轴承温升是否符合设备说明书的规定。

9）通过满水试验静置 24 h 观察，不渗不漏，水压试验在试验压力下 10 min 压力不降，不渗不漏的方法检查敞口水箱的满水试验和密闭水箱（罐）的水压试验是否符合设计和规范的规定。

（4）一般项目。

1）通过尺量，检查是否满足下面要求：给水引入管与排水排出管的水平间距不得小于 1 m，室内给水与排水管平行敷设时，两管间的最小水平间距不得小于 0.5 m，交叉铺设时，垂直间距不得小于 0.15 m，给水管应加套管，其长度不得小于排水管直径的 3 倍。

2）管道及管件焊接的焊缝表面质量应符合下列要求。

①通过观察，检查焊缝外形尺寸是否符合图纸和专业文件的规定，焊缝高度不得低于母材表面，焊缝与母材应圆滑过渡。

②通过观察，检查焊缝及热影响区表面是否无裂纹，是否有未熔合、未焊透、夹渣、弧坑和气孔等缺陷。

③通过水平尺和尺量，检查给水水平管道是否有 2‰~5‰的坡度坡向泄水装置。

3）给水管道和阀门安装的允许偏差应符合规范规定。

4）通过观察、尺量及平板检查，检查管道的支、吊架是否平整牢固，其间距是否规范规定。

5）通过观察和尺量，检查水表是否安装在便于检修、不受曝晒、污染和冻结的地方。安装螺翼式水表，表前与阀门应有不小于 8 倍水表接口直径的直线管段，表外壳距墙间距为 10~30 mm；水表进水口中心标高按设计要求，允许偏差为±10 mm。

6）通过观察，检查安装消火栓水龙带，水龙带与水枪和连接接头绑扎好后，应根据箱内构造将水龙带挂放在箱内的挂钉、托盘或支架上。

7）通过观察和尺量检查箱式消火栓的安装是否符合下列规定：

①栓口应朝外，并不应安装在门轴侧。

②栓口中心距地面为 1.1 m，允许偏差±20 mm。

③阀门应距箱侧面为140 mm，距箱后内表面为100 m，允许偏差±5 mm。

④消火栓箱体安装的垂直度允许偏差为3 mm。

8）通过对照图纸、尺量，检查水箱支架或底座安装，其尺寸及位置是否符合设计规定，埋设是否平整牢固。

9）通过观察，检查水箱溢流管和泄放是否设置在排水地点附近，且不得与排水管直接连接。

10）通过观察，检查立式水泵的减振装置不应采用弹簧减振器。

11）室内给水设备安装允许偏差应符合规范的规定。

二、室内排水系统安装工程监理工作

（一）事前（施工准备阶段）监理工作

（1）进入现场的卫生器具的型号、规格、质量必须符合设计要求，并有出厂产品合格证。卫生器具、配件必须具有中文质量合格证明文件、规格、型号及性能检测报告，应符合国家技术标准或设计要求。进场时做检查验收，并经监理工程师核查确认。

（2）所有卫生器具、配件进场时应对品种、规格、外观等进行验收。包装应完好，表面无划痕及外力冲击破损。卫生器具表面应平整、光滑、无裂纹、排水口尺寸正确，支架固定孔及给排水管连接孔良好。

（3）主要器具和设备必须有完整的安装使用说明书。

（4）在运输、保管和施工过程中，应采取有效措施防止损坏或腐蚀。

（二）事中及事后（施工阶段）监理工作

1. 排水管道及配件安装

（1）主控项目。

1）通过满水15 min的水面下降后，再灌满观察5 min，液面下降，管道及接口无渗漏为合格的原则，检查隐蔽或埋地的排水管道在隐蔽前是否做灌水试验，其灌水高度是否低于底层卫生器具的上边缘或底层地面高度。

2）通过水平尺、拉线尺量，检查生活污水塑料管道的坡度必须符合设计要求或表6-1的规定。

表6-1　生活污水塑料管道的坡度

项　次	管径/mm	标准坡度/‰	最小坡度/‰
1	50	25	12
2	75	15	8
3	110	12	6
4	125	10	5
5	160	7	4

3）通过观察，检查排水塑料管是否已按设计要求及位置装饰伸缩节。如设计无要求时，伸缩节间距不得大于 4 m；高层建设中明设排水塑料管道应按设计要求设置阻火圈或防火套管。

4）通过通球检查的方法，检查排水立管及水平干管管道是否做通球试验，通球球径不小于排水管管道的 2/3，通球率必须达到 100%。

（2）一般项目。

1）通过观察和尺量，检查在生活污水管道放置的检查或清扫，当设计无要求时是否符合下列规定。

①在立管上每隔一层设置一个检查口，但在最底层和有卫生器具的最高层必须设置；如为两层建筑时，可仅在底层设置立管检查口；如有乙字弯管时，则在该层乙字弯管的上部设置检查口；检查口中心高度距操作地面一般为 1 m，允许偏差±20 mm；检查口的朝向应便于检修，暗装立管，在检查口处应安装检修门。

②在连接 2 个及 2 个以上大便器或 3 个及 3 个以上卫生器具的污水横管上应设置清扫口；当污水管在楼板下悬吊敷设时，可将清扫口设在上一层楼地面上，污水管起点的清扫口与管道相近的墙面距离不得小于 200 mm。若污水管起点设置堵头代替清扫口时，与墙间距离不得小于 400 mm。

③在转角小于 135°的污水横管上，应设置检查口或清扫口。

④污水横管的直线管段，应按设计要求的距离设置检查口或清扫口。

2）通过尺量，检查埋在地下或地板下的排水管道的检查口，是否设在检查井内，井底表面标高与检查口的法兰相平，井底表面应有 5%坡度，坡向检查口。

3）通过观察和尺量，检查金属排水管道的吊钩或卡箍应固定在承重结构上；固定件间距：横管不大于 2 m，立管不大于 3 m，楼层高度小于或等于 4 m，立管可安装一下固定件；立管底部的弯管处应设支墩或采取固定措施。

4）通过尺量，检查排水塑料管道支、吊架间距是否符合表 6-2 的规定。

表 6-2　排水塑料管道支架最大间距　　　　　　　　　　　　　　　　　　　　m

管径/mm	50	75	110	125	160
立管	1.2	1.5	2.0	2.0	2.0
横管	0.5	0.75	1.10	1.30	1.60

5）通过观察和尺量测量，检查排水通气管是否与风道或烟道连接，且是否符合下列规定。

①通气管应高出屋面 300 mm，但必须大于积雪厚度。

②在通气管出口 4 m 以内有门、窗时，通气管应高出门、窗顶 600 mm 或引向无门、窗一侧。

③在经常有人停留的平屋顶上，通气管应高出屋面 2 m，并应根据防雷要求设置防雷装置。

④屋顶有隔热层应从隔热板面算起。

6）通过观察和尺量测量，检查通向室外的排水管，穿过墙壁或基础必须下返时，应采用 45°三通和 45°弯头连接，并应在垂直管道顶部设置清扫口。

7）通过观察和尺量测量，检查由室内通向室外排水检查井的排水管，井内引入管应高于排出管或两管顶相平，并有不小于 90°的水流转角，如跌落差大于 300 mm 可不受角度限制。

8）通过观察和尺量，检查用于室内排水的室内管道与水平管道、水平管道与立管的连接，应采用45°三通或45°四通和96°斜三通，或96°斜四通；立管与排出管端部的连接，应采用两个45°弯头或曲率半径不小于4倍管径的90°弯头。

9）室内排水管道安装的允许偏差是否符合规范的规定。

2. 雨水管道及配件安装

（1）主控项目。

1）通过灌水试验持续1 h，不渗不漏的要求，检查安装在室内的雨水管道安装后是否已做灌水试验，灌水高度必须到每根立管上部的雨水斗。

2）通过对照图纸，检查雨水斗如采用塑料管，其伸缩节安装应符合设计要求。

3）通过水平尺、拉线尺量，检查悬吊式雨水管道的敷设坡度不得小于5‰；埋地雨水管道的最小坡度，应符合表6-3的规定。

表6-3 埋地雨水管道的最小坡度

项次	管径/mm	最小坡度/‰
1	50	20
2	75	15
3	100	8
4	125	6
5	150	5
6	200~400	4

（2）一般项目。

1）通过观察，检查雨水管道不得与生活污水管道相连接。

2）通过观察和尺量，检查雨水斗管的连接应固定在屋面的承重结构上；雨水斗边缘与屋面相连接处应严密不漏；连接管管径当屋设计要求时，不得小于100 mm。

3）通过拉线、尺量，检查悬吊式雨水管道的检查口或带法兰堵口的间距不得大于表6-4的规定。

表6-4 检查口的间距

项次	悬吊直径/mm	检查口间距/m
1	≤150	≤15
2	≥200	≤20

4）雨水管道安装的允许偏差应符合《建筑给水排水及采暖工程施工质量验收规范》（GB 50242—2002）的规定。

3. 卫生器具安装监理的内容

（1）主控项目。检查卫生器具给水配件是否完好无损伤，接口严密，启闭部分灵活。

（2）一般项目。

1）检查卫生器具的安装是否采用预埋螺栓式膨胀螺栓柱安装固定。

2）检查卫生器具安装高度。如设计无要求时，应符合表 6-5 的规定。

表 6-5　卫生器具安装高度规定

项次	卫生器具名称		卫生器具安装高度/mm		备注
			居住和公共建筑	幼儿园	
1	污水盆(池)	架空式	800	800	—
		落地式	500	500	
2	洗涤盆(池)		800	800	自地面至器具上边缘
3	洗脸盆、洗手盆(有塞、无塞)		800	500	
4	盥洗槽		800	500	
5	浴盆		≤520		
6	蹲式大便器	高水箱	1 800	1 800	自台阶面至高水箱底
		低水箱	900	900	自台阶面至低水箱底
7	蹲式大便器	高水箱	1 800	1 800	自地面至高水箱底
		低水箱 外露排水管式	510		自地面至低水箱底
		低水箱 虹吸喷射式	470	370	
8	小便器	挂式	600	450	自地面至下边缘
9	水便槽		200	150	自地面至台阶面
10	大便槽冲洗水箱		≤2 000		自台阶面至水箱底
11	妇女卫生盆		360		自地面至器具上边缘
12	化验盆		800		自地面至器具上边缘

3）卫生器具给水配件的安装高度，如设计无要求时，应符合表 6-6 的规定。

表 6-6　卫生器具给水配件的安装高度

项次	给水配件名称		配件中心距地面高度/mm	冷热水龙头距离/mm
1		架空式污水盆(池)水龙头	1 000	—
2		落地式污水盆(池)水龙头	800	—
3		洗涤盆(池)水龙头	1 000	150
4		住宅集中给水龙头	1 000	—
5		洗手盆水龙头	1 000	—
6	洗脸盆	水龙头(上配水)	1 000	150
		水龙头(下配水)	800	150
		阀门(下配水)	450	—
7	盥洗槽	水龙头	1 000	150
		冷热水管其中水龙头上下并行	1 100	150
8	浴盆	水龙头(上配水)	670	150
9	淋浴器	截止阀	1 150	—
		混合阀	1 150	—
		淋浴喷头下沿	2 100	—

续表

项次	给水配件名称		配件中心距地面高度/mm	冷热水龙头距离/mm
10	蹲式大便器（台阶面算起）	高水箱角阀及截止阀	2 040	—
		低水箱角阀	250	—
		手动式自闭冲洗阀	600	—
		脚踏式自闭冲洗阀	150	—
		拉管式冲洗阀（从地面算起）	1 600	—
		带防污助冲器阀门（从地面算起）	900	—
11	坐式大便器	高水箱角阀及截止阀	2 040	—
		低水箱角阀	150	—
12	大便槽冲洗水箱截止阀（从台阶面算起）		≤2 400	—
13	立式小便器角阀		1 130	—
14	挂式小便器角阀及截止阀		1 050	—
15	小便槽多孔冲洗管		1 100	—
16	实验室化验水龙头		1 000	—
17	妇女卫生盆混合阀		360	—

注：装设在幼儿园内的洗手盆、洗脸盆和盥洗槽水嘴中心离地面安装高度应为700 mm，其他卫生器具给水配件的安装高度，应按卫生器具实际尺寸相应减少。

想一想练一练：

1. 简述室内给排水工程监理规范依据。
2. 简述室内给水管道及配件安装工程施工工艺及监理工作流程。
3. 简述室内给水管道及配件安装工程事前（施工准备阶段）监理工作内容。
4. 简述室内给水管道及配件安装工程的主控项目内容。
5. 简述室内排水系统安装工程事前（施工准备阶段）监理工作内容。
6. 简述排水管道及配件安装的主控项目内容。
7. 简述雨水管道及配件安装的主控项目内容。

任务二　室外给排水工程监理员的工作及相关内容

室外给排水工程可分为给水工程和排水工程。给水工程是为满足城乡居民及工业生产等用水需要而建造的工程设施。它的任务是自水源取水，将其净化后经输配水系统送往用户。排水工程的任务是将建筑物内的污水、废水和屋面雨、雪水收集起来，有组织地排至适当地点，最后经妥善处理后排放至水体或再利用。室外给排水施工图如图 6-2 所示。

图 6-2　室外给排水施工图

🔍 任务目标

1. 熟悉室外给排水工程监理规范依据。
2. 掌握室外给排水工程的监理工作流程。
3. 掌握室外给排水工程事前控制中监理的工作内容。
4. 熟悉室外给排水工程施工过程中监理的工作内容。
5. 掌握室外给排水工程中管沟及井室、管沟回填土、室外管道安装等的验收项目。

🔍 规范依据

1. 建设工程监理委托合同。
2. 已批准的施工组织设计。
3. 施工图纸及国家标准图集。
4. 施工单位与业主所签订施工合同。
5. 《建设工程监理规范》（GB/T 50319—2013）。
6. 《园林绿化工程施工及验收规范》（CJJ 82—2012）。
7. 《沟槽式连接管道工程技术规程》（CECS 151—2003）。
8. 《建筑工程施工质量验收统一标准》（GB 50300—2013）。
9. 《建筑给水排水及采暖工程施工质量验收规范》（GB 50242—2002）。

🔧 任务实施

监理应根据设定的目标值，分别采用巡视、旁站、平行检验、见证、审签文件与记录和方法进行质量控制。

项目六 其他工程中的监理员工作

一、监理工作流程

熟悉设计文件→参加设计技术交底会→审查本专业施工组织设计→原材料、半成品、设备进场检验→设备基础检查验收→管道、配件制作、阀门试验→管道坐标、高程检查→检验批检查验收→分项工程验收→分部工程验收→工程款(中间)支付→竣工预验收→竣工验收。

二、事前控制中的监理工作

(1)审查承包单位资质、施工组织设计、施工方案,提出修改意见并督促其执行。

1)监督承包单位严格按照施工图及有关文件,并遵照国家及北京市发布的政策,法令、法规、规范标准施工,并按照施工合同及编制的工程进度计划进行控制工程进度。

2)审查承包单位及建设单位选择的分包单位资质。

3)审查主要建筑材料及主要设备性能是否与,满足设计要求,质量是否符合有关规范,现行政策法令的规定。

4)会签工程变更文件、核实实际发生的工程量。

(2)施工图审核。

1)确定管道敷设方式。

2)相对位置的确定,包括建筑物外墙进出管线具体标高,坐标位置及接口方式。

3)管道的标高、走向、坡度、管径、沟内管道根数等。

4)与其他管道交叉重叠时是否会相碰。

(3)材料及配件的质量检验。

1)各种管材、管件、型钢等,应有材料检验证明及出厂合格证。

2)阀门、仪表、调压装置等配件,应有出厂合格证,合格证上应注明序号、产品名称、规格型号、生产检验日期、合格证编号、生产厂家、数量。

3)依据合格证与实物核对,确认实物是否与证物相符,检查规格、型号、数量、质量是否符合规范和设计要求。

4)检查产品外观是否有缺憾。

5)各种压力表应有法定计量单位检测、鉴定证明,合格后方可使用。

6)材质检查确认,对有怀疑的材质用料,必须按规定进行重新检测。

三、事中及事后控制中的监理工作

遵照住房和城乡建设部关于工程建设施工质量控制及质量验收的指导原则,在完善手段的基础上,强化验收及过程控制应是建筑工程施工监理作业的指导原则。因此,在目前以巡视、旁站、检查验收(测量及试验)等主要手段对工程施工全过程实施监督控制的监理工作必须坚持以贯彻执行强制性法规(条文)为中心；以旁站监理为重点；以平行检测(测量数据)为核心，做好关键安装部位及工序的监理工作。

施工单位在每个项目完成后，首先组织自检，在自检合格后的基础上，填写《分项工程质量验收记录表》报送监理工程师。监理工程师组织施工单位进行分项工程的施工验收，验收合格后，方可进行下道工序。子分部工程的质量验收，在同一个子分部的分项工程，施工完成并自检合格后，填写《检验批质量验收记录表》报送监理工程师，监理单位组织施工单位进行子分部工程质量验收。

1. 管沟及井室

(1)主控项目。
1)通过现场观察，检查管沟的基层处理和井室的地基是否符合设计要求。
2)通过现场观察，检查各类井室的井盖是否符合设计要求，是否有明显的文字标识，各种井盖是否混用。
3)设在马路下的各种井室，是否使用重型井圈和井盖，井盖上表面是否与马路相平，允许偏差在5 mm以内，不通车的地方可采用轻型井圈和井盖，井盖上表面应高出地坪50 mm，并在井口周围以2%的坡度向外做水泥砂浆护坡。
(2)一般项目。
1)通过观察、尺量，检查管沟的坐标、位置、管底标高是否符合设计要求。
2)通过观察，检查管沟的沟底层是否为厚土层或是夯实的回填土，沟底是否平整，是否有坚硬的物体、块石等。

2. 管沟回填土

通过观察和尺量，检查管顶上部200 mm以内是否用砂子或无块石及冻土块的土，并不得用机械回填；管顶上部500 mm以上，用机械回填时，机械是否在管沟上行走。

3. 现场观察

(1)通过现场观察，检查井室的砌筑是否按设计或给定的标准图施工；井室的底标高在地下水位以上时，基层是否为素土夯实，砌筑是否采用水泥砂浆，内表面抹灰后是否严密不渗水。
(2)通过现场观察，检查管道穿过井壁处是否用水泥砂浆，且分二次填塞，填塞是否严密、抹平，是否有渗漏。

4. 室外管道安装

(1)通过现场观察检测，检查给水管道在埋地敷设时，是否在当地冻土线以下，严禁铺设在冻土及松土上。
(2)通过尺量，检查给水管道是否直接穿越污水井、化粪池、公共厕所等污染源，是否在给水管与排水管交叉处有接口的现象。
(3)通过尺量，检查给水系统各种井室内的管道安装。如设计无要求，井壁距法兰或泵口的距离：管径小于或等于450 mm时，不得小于250 mm。
(4)通过现场检查试压情况并做记录。阀门安装前，应作强度和严密性试验，试验应在每批数量中抽查10%，且不少于1个，对于安装在主干管上起切断作用的闭路阀门，应逐个做强度和严密性试验，试验压力应符合设计要求与规范规定。

(5) 通过现场检查，给水管道安装完毕，是否进行了水压试验，试验压力是否满足下面要求：消火栓管道1.2 MPa，自动喷淋管道1.4 MPa，其他管道1.1 MPa，试验压力下，10 min内压力降不大于0.05 MPa，然后降至工作压力进行检查，压力应保持不变。

(6) 通过现场观察，确定管道的坐标、标高、坡度是否符合设计要求，管道的允许偏差是否符合现行建筑施工规范要求。

(7) 通过现场观察，检查管道和金属支架的涂漆。涂漆是否附着良好，无脱皮、起泡、流淌和漏涂等缺陷。

(8) 通过现场观察及尺量，确定是否满足下面规定：当给水管与排水管交叉处发生矛盾时，给水管让开排水管，给水管交叉处遵循小管让大管原则，交叉处垂直净距不小于0.15 m，当给水管道间距较小，一种给水管穿越另一种给水管道阀门井时，该给水管绕过阀门井敷设，给水管铺设在排水管下面时，应采用钢管或钢套管，套管伸出长度每边不小于3倍，套管两端应采用防水材料封闭。

> **想一想练一练：**
> 1. 简述室外给排水工程监理规范依据。
> 2. 简述室外给排水工程的监理工作流程。
> 3. 简述室外给排水工程承包单位资质、施工组织设计、施工方案审核内容。
> 4. 简述室外给排水工程施工图审核内容。
> 5. 简述室外给排水工程中材料及配件进场的质量检验内容。
> 6. 简述室外给排水工程监理的工作方法。
> 7. 简述室外给排水工程中管沟及井室验收的主控项目内容。
> 8. 简述室外给排水工程中室外管道安装验收内容。

任务三　建筑电气工程监理员的工作及相关内容

建筑电气工程不仅关系到整个单位工程的质量，而且关系到人身安全与建筑物安全。监理人员应当高度重视电气工程的施工过程质量控制和施工质量验收。

按照原建设部有关建设监理法规、《建筑工程资料管理规程》(DBJ01-51-2003)的要求，认真贯彻施工阶段的临理工作程序；严格管理施工技术资料；实施与落实"三控"(质量、进度、投资)、"三管"(安全、合同、信息)、"一协调"的责任目标。建筑电气工程现场施工如图6-3所示。

任务三　建筑电气工程监理员的工作及相关内容

图 6-3　建筑电气工程现场施工示意图

任务目标

1. 熟悉建筑电气工程监理规范依据。
2. 熟悉建筑电气工程监理工作流程。
3. 掌握建筑电气工程监理事前控制内容。
4. 熟悉电气配管工程、管内穿绝缘导线安装工程、塑料线槽配线工程、照明器具安装工程等12项工程的施工工艺流程、准备工作、施工阶段的监理内容。
5. 掌握工程验收阶段的验收顺序、验收合格评定标准及方法。

规范依据

1. 已经批准的监理规划。
2. 建设工程监理委托合同。
3. 已批准的施工组织设计。
4. 施工图纸及国家标准图集。
5. 施工单位与业主所签订施工合同。
6. 《电梯工程施工质量验收规范》(GB 50310—2002)。
7. 《智能建筑工程质量验收规范》(GB 50339—2013)。
8. 《建筑工程施工质量验收统一标准》(GB 50300—2013)。
9. 《建筑电气工程施工质量验收规范》(GB 50303)。
10. 《电气装置安装工程　电气设备交接试验标准》(GB 50150—2006)。

任务实施

一、监理工作流程

建筑电气工程监理工作流程图如图6-4所示。

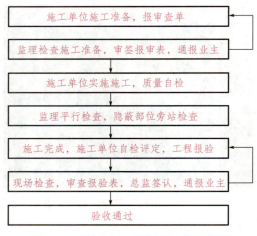

图6-4 建筑电气工程监理工作流程图

二、事前控制中的监理工作

（1）检查施工图纸审批情况，学习熟悉设计图纸和设计交底。图纸应经审批合法有效；充分了解及掌握设计内容和要求，并将问题于交底时提出，做好记录存查。

（2）审核施工单位的施工组织设计，施工方案必须合理可行。

（3）审核施工单位必须具备相应工程的施工资质、工程施工用器具必须配备齐全。

（4）施工单位施工前，必须报验电工上岗证、检验员证、项目经理证。

（5）材料进场须报验，并及时提供产品的测试报告、合格证、生产许可证，验收合格方可投入使用。

（6）每道工序施工完毕须及时报验，验收合格并签证后方可进行下道工序施工。

三、事中及事后控制中的监理工作

1. 电气配管工程

（1）施工工艺流程。

1）钢管暗敷：施工准备→核对管径→预制加工→测定盒箱位置→固定盒箱→管路连接→穿变形缝处理→跨接地线以及防腐处理。

2）塑管暗敷：弹线定位→盒箱固定→管线暗敷→扫管穿带线。

（2）事前（准备阶段）监理工作。

1）安装单位对所使用的管材应报验，经监理工程师审核备案。

2）敷设管路必须与土建主体工程密切配合施工，土建主体工程施工中绘出建筑标高线。

（3）事中及事后（施工阶段）监理工作。

1）在施工中，测定箱盒位置后，监理人员必须在接到通知后到场，按图复测后，方能进行后续工序。

2)管路连接好后,监理人员应按标准抽查其连接情况,盒、箱固定应平整牢固,少弯曲,少重叠。

3)暗管埋入墙前,应检查其位置是否与图相符。

4)变形缝必须按规定做法处理。监理人员应对每一穿过变形缝的管线逐一检查。

5)地线的焊接和防腐处理,必须按规定施工,完成焊接和防腐处理后,监理人员应对其逐一查验,待查验合格后方能进行后续工序。

2. 管内穿绝缘导线安装工程

(1)施工工艺流程:施工准备→选择导线→穿带线→扫管→放线→导线与带线的绑扎→带护口→拉线→断线→导线连接→导线焊接→导线包扎→线路检查,绝缘摇测。

(2)事前(准备阶段)监理。

1)安装单位应对所使用的绝缘导线报监理工程师审核后备案。

2)绝缘导线所要穿的护管已通过验收。

3)建筑结构及土建施工工作已完成。

(3)事中及事后(施工阶段)监理工作。

1)选择导线:应根据设计图要求选择导线;火线、零线及保护地线的颜色,应加以区分,黄绿双色线做保护线,黑色线做零线。

2)放线前应根据施工图对导线的规格型号进行核对,特别应注意放线时的相序与导线颜色的对应,即 A—黄色,B—绿色,C—红色。

3)导线的连接必须严格按规定连接,多股软铜线连接应进行焊锡。

4)导线包扎:现场监理人员可抽查部分导线的接头的包扎程序是否按规定进行,即须先用粘塑料包扎后用黑胶布包扎。

3. 塑料线槽配线工程

(1)施工工艺流程:施工准备→弹线定位→线槽固定→线槽连接→槽内放线→导线连接→线路检查,绝缘摇测。

(2)事前(施工准备阶段)监理工作。安装单位对所使用塑料线槽等报送监理工程师审核后备案;在室内干燥的条件下,检查现场预埋的保护管,木砖及预留孔洞的位置,尺寸是否符合图纸要求,有无遗漏现象。

(3)事中及事后(施工阶段)监理工作。

1)弹线定位按设计图纸确定进户线、盒箱等电气器具固定的位置,过变形缝应做补偿处理。

2)同电压等级可设在同一线槽内,不同电压等级的线路分开敷设。

3)线槽内不准出现接头,接头应放在接线盒内,穿墙保护管的外侧应有防水措施。

4)线槽内导线截面和根数不允许超过规定。

4. 照明器具安装工程(包括室内外照明灯具、吊扇、开关、插座等的安装工程)

(1)施工工艺流程:施工准备→检查清理→组装器具→接线安装就位→通电试验。

(2)事前(施工准备阶段)监理工作。

1)安装单位对所使用的灯具、吊扇、开关、插座等应报监理工程师审核验收后方可进场安装。

2)前面工序已通过验收,现场预埋件,如螺栓等位置应无遗漏,经检查符合图纸要求。

(3)事中及事后(施工阶段)监理工作。

1)成排器具,同一场所器具中心线安装高度偏差不能超出允许范围。

2)开关接点灵活,控制火线,插座按"左零右火""下零上火"接线。

5. 配电柜箱(盘)及配电柜安装工程

(1)施工工艺流程:施工准备→设备安装要求→定位及基础→设备就位→固定牢固→接地线→元器件安装→绝缘摇测→调试运行。

(2)事前(施工准备阶段)监理工作。

1)安装单位对所使用的配电柜、箱(盘),配电柜和其辅助安装材料报监理工程师。

2)设备的现场开箱检查并做好记录,待监理检查。

3)检查预埋件、预留孔洞及基础条件是否符合设计及安装要求。

(3)事中及事后(施工阶段)监理工作。设备及元器件规格、型号、质量必须符合设计要求;安装标高、水平、垂直不超出允许偏差;基础钢槽的除锈、防腐蚀、接地线符合可靠要求。相序颜色要按要求排列,多股导线使用压线端子压接。

6. 电缆敷设工程

(1)施工工艺流程。

1)施工准备→沿支架桥架敷设→水平/垂直敷设→绑扎固定→挂标志牌。

2)直埋电缆敷设→铺沙盖砖→回填土→埋标桩→管口防水处理→剥麻刷油→挂标志牌。

(2)事前(施工准备阶段)监理工作。安装单位对所使用的电缆应报验;现场检查电缆桥架、电缆托盘、电缆支架及电缆过管,保护管应安装完毕并检验合格。

(3)事中及事后(施工阶段)监理工作。

1)电缆进入室内电缆沟应严格按照规范和工艺施工,以防止套管防水处理不当,沟内进水。

2)直埋电缆敷设时,应注意电缆弯曲半径符合规范要求,在沟内敷设时应有适量的蛇形弯并应留有适当余量。

3)沿桥架或托盘敷设的电缆应防止弯曲半径不够。

4)防止电缆标志牌挂装不整齐或有遗漏。

5)有麻皮保护层的电缆,进入室内部分应把麻皮拨掉,并涂防腐漆。

6)电缆沿支架、桥架敷设应符合规范标准要求。应注意拐弯处的弯曲半径不得小于允许值。电缆穿过楼板时应装套管,敷设完毕后应将套管用防火材料堵死。

7. 低压电缆头制作安装工程

(1)施工工艺流程:施工准备→遥测电缆绝缘→剥电缆铠甲,打卡子→焊接地线→包缠电缆,套电缆终端头套→压电缆芯线接线鼻子与设备连接。

(2)事前(施工准备阶段)监理工作要点。安装单位对所使用的电缆终端头套、接线鼻子、镀锌螺丝、塑料带等应是合格品;电缆已敷设完毕,并经验收合格。

(3)事中及事后(施工阶段)监理工作。

1)摇测绝缘应选用 500 V 摇表,监理人员会同施工人员做好记录。

2)焊接地线:施工人员将地线采用焊锡焊接于电缆钢带上。焊接应牢固,不应有虚焊,并注意不要将电缆烫伤。

3)线鼻子与芯线截面必须套牢,压接时模具规格与芯线规格一致,压接数量不得少于两道,以防止电缆芯线和线鼻子压接不牢固。

8. 封闭插接母线安装工程

(1)施工工艺流程:施工准备→设备点件检查→支架制作安装→封闭插接母线安装→试运行验收。

(2)事前(施工准备阶段)监理工作。安装单位对所使用的封闭插接母线应报监理工程师审核;设备开箱点件检查,监理工程师和安装单位、建设单位或供货单位共同进行,并做好开箱检查记录,要求设备及附件其规格、型号、数量品种应符合设计要求。

(3)事中及事后(施工阶段)监理工作。

1)施工人员对封闭插接母线应按设计和产品技术文件规定组装,组装前逐段进行绝缘测试,其绝缘电阻值不小于 0.5 MΩ,封闭杆接母线外壳两端应与保护地线连接。

2)接地保护线遗漏和连接不紧密应有紧固措施。

9. 电动机及其附属设备安装工程(固定式交直流及同步电动机和其附属设备)

(1)施工工艺流程:施工准备→设备拆箱点件→安装前检查→电动机安装→抽芯检查→电机干燥→控制保护和启动设备安装→试运行前的检查→试运行及验收。

(2)事前(施工准备阶段)监理工作。

1)安装单位对所使用电动机及其附属设备应报送监理工程师审核。

2)现场抽查电动机的基础,地脚螺栓孔、沟道、电缆管位置尺寸应符合设计质量要求。

(3)事中及事后(施工阶段)监理工作。应注意其接线是否正确,应严格按电源电压和电机标准接线方式接线;接地线应接在接地专用的接线柱(端)上,接地线截面应符合规范要求,并要压牢;调试前应检查热继电器的电流是否与电机相符,电源开关选择是否合理。

10. 成套配电柜(盘)及动力开关柜安装工程

(1)施工工艺流程:施工准备→设备开箱检验→设备搬运→柜(盘)稳装→柜(盘)上方母带配制→柜(盘)二次回路配线→柜(盘)试验调整→送电运行验收。

(2)事前(施工准备阶段)监理工作。安装单位对安装的配电柜(盘)及动力开关柜及其附件应报监理工程师审核;现场检查土建工程施工标高尺寸结构及预埋件均应符合设计要求;安装应有的施工图纸技术资料齐全。技术安全消防措施落实。

(3)事中及事后(施工阶段)监理工作。

1)应注意检验基础型钢焊接处焊渣清理、除锈是否干净,油漆有无不均匀或漏刷现象。

2)应注意检验柜(盘)内控制线压接不紧,接线错误等现象。

11. 电力变压器安装工程

(1)施工工艺流程:施工准备→设备点件检查→变压器二次搬运→变压器稳装→附件安装→变压器吊芯检查及交接试验→送电前的检查→送电运行验收。

(2)事前(施工准备阶段)监理工作。

1)安装单位对所安装变压器及其附件,型钢等报监理工程师审核备案。

2)现场检查土建工程的标高尺寸结构及埋件焊件强度应符合设计要求。

(3)事中及事后(施工阶段)监理工作。

1)注意防震装置的安装要牢固。

2)变压器中性点零线及中性点接地线不应分开敷设。

3)变压器一、二次引线,螺栓要紧,压接要牢,母带与变压器连接间隙要符合规范要求。

12. 防雷及接地安装工程(建筑物防雷接地、保护接地、重复接地及屏蔽接地装置)

(1)施工工艺流程:施工准备→接地体→接地干线→支架→引下线敷设(焊接)→避雷针(网/带/均压环)。

(2)事前(施工准备阶段)监理工作。监理应对材料的报审进行审核,安装单位对所使用的扁钢、角钢、圆钢等主要材料应报审、备案。

(3)事中及事后(施工阶段)监理工作。

1)施工单位自检合格后,应待监理人员及质检部门核验合格方可隐蔽。

2)接地干线扁钢应平直,接地端子应垫弹簧垫。

3)引下线敷设做到横平竖直,不超过允许偏差,不漏刷防锈漆。

4)注意圈梁的货道、铁电气安装、铁栏杆同均压环可靠连接。

四、工程验收阶段的监理工作

(1)验收顺序:施工单位自检:填写《分项工程质量检验评定表》,自检合格报送《工程报验申请表》;监理抽查:实测检查填在《分项工程质量检验评定表》上;保证资料核查和其他检查填在《_____报验申请表》中。

(2)验收合格评定:签署《_____报验申请表》。所报工程检验不符合要求,签返《_____报验申请表》,同时签发《监理工程师通知单》,施工单位整改后报送《监理工程师通知回复单》,连同《报验申请表》重新报验。

(3)检查标准。工程检验评定标准按《建筑电气工程施工质量验收规范》(GB 50303)及《建筑设备安装分项工程施工工艺标准》有关章节规定执行。其检查标准及方法见表6-7。

表 6-7　检查标准及方法

序号	分项工程名称	检验方法	检查数量	
			施工单位自检	监理抽查
1	电气配管工程	观察尺量和检查隐蔽工程记录	不少于 10 处	不少于 2 处
2	管内穿绝缘导线安装	观察检查或检查记录	10 处	不少于 2 处
3	塑料线槽配线	观察尺量和检查隐蔽工程记录	按质量检验标准	施工单位自检量的 20%
4	照明器具安装	观察、检查安装记录，送电检查，吊线检查	10%	施工单位自检量的 20%
5	配电柜箱（盘）及配电柜安装	观察、试操作检查、送电吊线，尺量	按不同类型抽查自检	施工单位自检量的 20%
6	电缆敷设工程	检查试验记录、观察、检查隐蔽工程记录及简图、安装记录	按质量检验标准	施工单位自检量的 20%
7	低压电缆头制作安装	用手扳动，观察，检查安装记录、拉线及尺量	按不同类别电缆头各抽查 10%，但不少于 5 件	施工单位自检量的 20%，且均不少于 1 件
8	封闭插接母线安装	观察、检查绝缘测试记录，检查合格证明文件	10 处	2 处
9	电动机及其附属设备安装	实测，检查试验调整记录，观察和检查安装记录，检查电机抽芯记录，试运行检查	全部	施工单位自检量的 20%，但不少于 1 台
10	成配套配电柜及动力开关柜安装	观察、检查试验调整记录、试操作检查	按不同类型抽查自检	施工单位自检量的 20%，但不少于 1 台
11	电力变压器安装	观察、实测、检查安装及调试记录	全部	1 台
12	防雷及接地安装	实测或检查接地电阻测试记录，检查安装和隐蔽记录	分支线与干线的连接，抽查总数的 10%，其余项目全检	施工单位自检量的 20%

项目六 其他工程中的监理员工作

想一想练一练：

1. 简述建筑电气工程监理规范依据。
2. 简述建筑电气工程事前控制内容。
3. 简述电气配管工程的施工工艺流程及监理工作内容。
4. 简述管内穿绝缘导线安装工程的施工工艺流程及监理工作内容。
5. 简述塑料线槽配线工程的施工工艺流程及监理工作内容。
6. 简述照明器具安装工程的施工工艺流程及监理工作内容。
7. 简述配电柜箱(盘)及配电柜安装工程的施工工艺流程及监理工作内容。
8. 简述电缆敷设工程的施工工艺流程及监理工作内容。
9. 简述低压电缆头制作安装工程的施工工艺流程及监理工作内容。
10. 简述封闭插接母线安装工程的施工工艺流程及监理工作内容。
11. 简述电动机及其附属设备安装工程的施工工艺流程及监理工作内容。
12. 简述成套配电柜(盘)及动力开关柜安装工程的施工工艺流程及监理工作内容。
13. 简述电力变压器安装工程的施工工艺流程及监理工作内容。
14. 简述防雷及接地安装工程的施工工艺流程及监理工作内容。
15. 简述工程验收阶段的监理工作。

附 表

(1)旁站监理记录表(附表1)。
(2)模板分项工程(现浇结构模板安装)检验批质量验收记录(附表2)。
(3)模板分项工程(模板拆除)检验批质量验收记录(附表3)。
(4)钢筋分项工程(原材料、钢筋加工)检验批质量验收记录(附表4)。
(5)钢筋分项工程(钢筋连接、钢筋安装)检验批质量验收记录(附表5)。
(6)混凝土分项工程(原材料、配合比设计)检验批质量验收记录(附表6)。
(7)混凝土分项工程(混凝土施工)检验批质量验收记录(附表7)。
(8)现浇结构分项工程(结构施工)检验批质量验收记录(附表8)。
(9)现浇结构分项工程(设备基础)检验批质量验收记录(附表9)。
(10)机械设备现场安装安全监理旁站记录表(附表10)。
(11)安全旁站监理记录表(附表11)。

附表1　旁站监理记录表

工程名称：　　　　　　　　　　　　　　　　　　　　　　　　　编号：

日期及天气：	工程地点：
旁站监理的部位或工序：	
旁站监理开始时间：	旁站监理结束时间：
施工情况：	
监理情况：	
发现问题：	
处理意见：	
备注：	
施工企业：_____ 项目经理部：_____ 质检员(签字)：_____ 　　　　　　　　年　月　日	监理企业：_____ 项目监理机构：_____ 旁站监理人员(签字)：_____ 　　　　　　　　年　月　日

附表2 模板分项工程(现浇结构模板安装)检验批质量验收记录

工程名称				检验批部位			施工执行标准名称及编号		
施工单位				项目经理			专业工长		
分包单位				分包项目经理			施工班组长		
检查项目			GB 50204—2015 的规定				施工单位检查评定记录		监理(建设)单位验收记录
主控项目	1		模板及支架用材料的技术指标应符合国家现行有关标准的规定。进场时应抽样检验模板和支架材料的外观、规格和尺寸						
	2		现浇混凝土结构模板及支架的安装质量,应符合国家现行有关标准的规定和施工方案的要求						
	3		后浇带处的模板及支架应独立设置						
	4		支架竖杆和竖向模板安装在土层上时,应符合下列规定: 土层应坚实、平整、其承载力或密实度应符合施工方案的要求; 应由防水、排水措施;对冻胀性土,应有预防冻融措施; 支架竖杆下应有底座或垫板						
一般项目	1	项次	项目(预埋件和预留孔洞安装)		允许偏差/mm				
		1	预埋板中心线位置		3				
		2	预埋管、预留孔中心线位置		3				
		3	插 筋	中心线位置	5				
				外露长度	+10, 0				
		4	预埋螺栓	中心线位置	2				
				外露长度	+10, 0				
		5	预留洞	中心线位置	10				
				尺寸	+10, 0				
	2	项次	项目(现浇结构模板安装)		允许偏差/mm				
		1	轴线位置		5				
		2	底模上表面标高		±5				
		3	模板内部尺寸	基 础	±10				
				柱、墙、梁	±5				
		4	柱、墙垂直度	层高≤6 m	8				
				层高>6 m	10				
		5	相邻模板表面高差		2				
		6	表面平整度		5				
施工单位检查评定结果			项目专业质量检查员:					年 月 日	
监理(建设)单位验收结论			监理工程师(建设单位项目专业技术负责人):					年 月 日	

附表3 模板分项工程(模板拆除)检验批质量验收记录

工程名称			检验批部位			施工执行标准名称及编号		
施工单位			项目经理			专业工长		
分包单位			分包项目经理			施工班组长		
检查项目			GB 50204—2015 的规定			施工单位检查评定记录		监理(建设)单位验收记录
主控项目	1	底模及其支架拆除时的混凝土强度应符合设计要求;当设计无具体要求时,混凝土强度应符合下表的规定						
		构件类型	构件跨度/m	达到设计混凝土强度等级值的百分率/%				
		板	≤2	≥50				
			>2,≤8	≥75				
			>8	≥100				
		梁、拱、壳	≤8	≥75				
			>8	≥100				
		悬臂结构	—	≥100				
	2	对后张法预应力混凝土结构构件,侧模宜在预应力张拉前拆除;底模支架的拆除应按施工技术方案执行,当无具体要求时,不应在结构构件建立预应力前拆除						
	3	后浇带模板的拆除和支顶应按施工技术方案执行						
一般项目	1	侧模拆除时的混凝土强度应能保证其表面及棱角不受损伤						
	2	模板拆除时,不应对楼层形成冲击荷载。拆除的模板和支架宜分散堆放并及时清运						
施工单位检查评定结果			项目专业质量检查员:				年 月 日	
监理(建设)单位验收结论			监理工程师(建设单位项目专业技术负责人):				年 月 日	

附表 4　钢筋分项工程(原材料、钢筋加工)检验批质量验收记录

工程名称				检验批部位			施工执行标准名称及编号	
工程施工单位名称				项目经理			专业工长	
分包单位				分包项目经理			施工班组长	
检查项目			GB 50204—2015 的规定				施工单位检查评定记录	监理(建设)单位验收记录
主控项目	原材料	1	钢筋的力学性能检查					
		2	有抗震设防要求的框架结构，纵向受力钢筋强度					
		3	成型钢筋的力学性能检查					
	钢筋加工	4	受力钢筋的弯钩和弯折加工					
		5	盘卷钢筋调查后的力学性能和重量偏差应符合国家现行有关标准的规定					
一般项目	原材料	1	钢筋应平直、无损伤，表面不得有裂纹、油污、颗粒状或片状老锈					
		2	成型钢筋的外观质量和尺寸偏差应符合国家现行相关标准的规定。钢筋机械连接套筒、钢筋锚固板以及预埋件的外观质量应符合国家现行相关标准的规定					
	钢筋加工	3	钢筋加工的形状、尺寸应符合设计要求，其偏差应符合下表的规定					
			钢筋加工		允许偏差/mm			
			受力钢筋沿长度方向的净尺寸		±10			
			弯起钢筋的弯折位置		±20			
			箍筋外廓尺寸		±5			
施工单位检查评定结果			专业质量检查员：				年　月　日	
监理(建设)单位验收结论			监理工程师(建设单位项目专业技术负责人)：				年　月　日	

附表5　钢筋分项工程(钢筋连接、钢筋安装)检验批质量验收记录

工程名称			检验批部位		施工执行标准名称及编号	
施工单位			项目经理		专业工长	
分包单位			分包项目经理		施工班组长	
检查项目			GB 50204—2015 的规定		施工单位检查评定记录	监理(建设)单位验收记录
主控项目	钢筋连接	1	纵向受力钢筋的连接方式应符合设计要求			
		2	在施工现场，应按国家现行标准《钢筋机械连接技术规程》(JGJ 107—2010)、《钢筋焊接及验收规程》(JGJ 18—2012)的规定抽取钢筋机械连接接头、焊接接头试件作力学性能检验，其质量应符合有关规程的规定			
	钢筋安装	3	钢筋安装时，受力钢筋的牌号、规格和数量必须符合设计要求，受力钢筋的安装位置、锚固方式应符合设计要求			
一般项目	钢筋连接	1	钢筋接头的位置应符合设计和施工方案要求。有抗震设防要求的结构中，梁端、柱端箍筋加密区范围内不应进行钢筋搭接。接头末端至钢筋弯起点的距离不应小于钢筋直径的10倍			
		2	钢筋机械连接接头、焊接接头的外观质量应符合国家现行标准《钢筋机械连接技术规程》(JGJ 107—2010)、《钢筋焊接及验收规程》(JGJ 18—2012)的规定			
		3	当纵向受力钢筋采用机械连接接头或焊接接头时，同一连接区段内纵向受力钢筋的接头面积百分率应符合设计要求或规范规定			
		4	当纵向受力钢筋采用绑扎搭接接头时，绑扎搭接接头中钢筋的横向净间距不应小于钢筋直径，且不应小于25 mm。同一连接区段内，纵向受拉钢筋的接头面积百分率应符合设计要求或规范规定			
		5	梁、柱类构件的纵向受力钢筋搭接长度范围内箍筋的设置应符合设计要求或规范规定			

续表

检查项目			GB 50204—2015 的规定			施工单位检查评定记录	监理(建设)单位验收记录
一般项目	钢筋安装	6	项目(钢筋安装位置)		允许偏差/mm		
			绑扎钢筋网	长、宽	±10		
				网眼尺寸	±20		
			绑扎钢筋骨架	长	±10		
				宽、高	±5		
			纵向受力钢筋	锚固长度	−20		
				间距	±10		
				排距	±5		
			纵向受力钢筋、箍筋的混凝土保护层厚度	基础	±10		
				柱、梁	±5		
				板、墙、壳	±3		
			绑扎箍筋、横向钢筋间距		±20		
			钢筋弯起点位置		20		
			预埋件	中心线位置	5		
				水平高差	+3, 0		

施工单位检查评定结果	
	专业质量检查员： 　　年　　月　　日

监理(建设)单位验收结论	
	监理工程师(建设单位项目专业技术负责人)： 　　年　　月　　日

附表6 混凝土分项工程(原材料、配合比设计)检验批质量验收记录

工程名称			检验批部位		施工执行标准名称及编号	
施工单位			项目经理		专业工长	
分包单位			分包项目经理		施工班组长	
检查项目			GB 50204-2015 的规定		施工单位检查评定记录	监理(建设)单位验收记录
主控项目	1	水泥、外加剂进场质量检验				
	2	混凝土中掺用外加剂的质量及应用技术应符合国家现行规范、标准的规定				
	3	混凝土中氯化物和碱的总含量应符合现行国家标准《混凝土结构设计规范》(GB 50010—2010)的规定和设计要求				
	4	首次使用的混凝土配合比应进行开盘鉴定,其原材料强度、凝结时间、稠度等应满足设计配合比要求				
一般项目	1	混凝土用矿物掺合料进场时,应对其品牌、性能、出厂日期等进行检查,并应对矿物掺合料的相关性能指标进行检验,检验结果应符合国家现行有关标准的规定				
	2	普通混凝土所用的粗、细骨料的质量应符合国家现行标准《普通混凝土用砂、石质量及检验方法标准》(JGJ 52—2006)的规定,使用经过净化处理的海砂应符合现行行业标准《海砂混凝土应用技术规范》(JGJ 206—2010)的规定,再生混凝土骨料应符合现行国家标准《混凝土用再生粗骨料》(GB/T 25177—2010)和《混凝土和砂浆用再生细骨料》(GB/T 25176—2010)的规定				
	3	混凝土拌制及养护用水应符合现行行业标准《混凝土用水标准》(JGJ 63—2006)的规定。采用饮用水作为混凝土用水时,可不检验;采用冲水,搅拌站清洗水、施工现场循环水等其他水源时,应对其成分进行检验				
	4	混凝土拌合物稠度应满足施工方案要求				
	5	混凝土有耐久性指标要求时,应在施工现场随机抽取试件进行耐久性检验,其检验结果应符合国家现行有关标准的规定和设计要求				
	6	混凝土有抗冻要求时,应在施工现场进行混凝土含气量检验,其检验结果应符合国家现行有关标准的规定和设计要求				
施工单位检查评定结果			专业质量检查员:		年 月 日	
监理(建设)单位验收结论			监理工程师(建设单位项目专业技术负责人):		年 月 日	

附表7 混凝土分项工程(混凝土施工)检验批质量验收记录

工程名称			检验批部位			施工执行标准名称及编号		
工程施工单位名称			项目经理			专业工长		
分包单位			分包项目经理			施工班组长		
检查项目			GB 50204—2015 的规定			施工单位检查评定记录		监理(建设)单位验收记录
主控项目	1	混凝土的强度等级必须符合设计要求。用于检验混凝土强度的试件应在浇筑地点随机抽取						
主控项目	2	混凝土原材料计量的允许偏差应符合下表的规定						
		原材料品种	水泥	细骨料	粗骨料	水	矿物掺合料	外加剂
		每盘计量允许偏差/%	±2	±3	±3	±1	±2	±1
		累计计量允许偏差/%	±1	±2	±2	±1	±1	±1
一般项目		后浇带的留设位置应符合设计要求。后浇带和施工缝的留设及处理方法应符合施工方案要求						

施工单位检查评定结果	项目专业质量检查员:　　　　　　　　　　　　　　　　年　月　日
监理(建设)单位验收结论	监理工程师(建设单位项目专业技术负责人):　　　　　年　月　日

附表 8 现浇结构分项工程(结构施工)检验批质量验收记录

工程名称		检验批部位		施工执行标准名称及编号	
施工单位		项目经理		专业工长	
分包单位		分包项目经理		施工班组长	
检查项目		GB 50204—2015 的规定		施工单位检查评定记录	监理(建设)单位验收记录
主控项目	1	现浇结构的外观质量不应有严重缺陷			
	2	现浇结构不应有影响结构性能和使用功能的尺寸偏差			
一般项目	1	现浇结构的外观质量不应有一般缺陷。对已经出现的一般缺陷,应由施工单位按技术处理方案进行处理,并重新检查验收			
	2	项 目 (现浇结构)		允许偏差 /mm	
		轴线位置	整体基础	15	
			独立基础	10	
			墙、柱、梁	8	
		垂直度	层高 ≤6 m	10	
			层高 >6 m	12	
			全高(H)≤300 m	$H/30\,000+20$	
			全高(H)>300 m	$H/10\,000$ 且≤80	
		标高	层高	±10	
			全高	±30	
		截面尺寸	基础	+15,−10	
			柱、梁、板、墙	+10,−5	
			楼梯相邻踏步高差	6	
		电梯井洞	中心位置	10	
			长、宽尺寸	+25,0	
		表面平整度		8	
		预埋件中心位置	预埋板	10	
			预埋螺栓	5	
			预埋管	5	
			其他	10	
		预留洞、孔中心线位置		15	
施工单位检查评定结果		项目专业质量检查员:		年 月 日	
监理(建设)单位验收结论		监理工程师(建设单位项目专业技术负责人):		年 月 日	

附表 9　现浇结构分项工程(设备基础)检验批质量验收记录

工程名称			检验批部位		施工执行标准名称及编号		
施工单位			项目经理		专业工长		
分包单位			分包项目经理		施工班组长		
检查项目			GB 50204—2015 的规定		施工单位检查评定记录	监理(建设)单位验收记录	
主控项目	1	现浇结构的外观质量不应有严重缺陷					
	2	混凝土设备基础不应有影响结构性能和设备安装的尺寸偏差					
一般项目	1	现浇结构的外观质量不应有一般缺陷。对已经出现的一般缺陷，应由施工单位按技术处理方案进行处理，并重新检查验收					
	2	项目(设备基础)		允许偏差/mm			
			坐标位置	20			
			不同平面标高	0，−20			
			平面外形尺寸	±20			
			凸台上平面外形尺寸	0，−20			
			凹槽尺寸	+20，0			
		平面水平度	每米	5			
			全长	10			
		垂直度	每米	5			
			全高	10			
		预埋地脚螺栓	中心位置	2			
			顶标高	+20，0			
			中心距	±2			
			垂直度	5			
		预埋地脚螺栓孔	中心线位置	10			
			截面尺寸	+20，0			
			深度	+20，0			
			垂直度	$h/100$ 且 ≤ 10			
		预埋活动地脚螺栓锚板	标高	+20，0			
			中心线位置	5			
			带槽锚板平整度	5			
			带螺纹孔锚板平整度	2			
施工单位检查评定结果			项目专业质量检查员：			年　月　日	
监理(建设)单位验收结论			监理工程师(建设单位项目专业技术负责人)：			年　月　日	

附表 10　机械设备现场安装安全监理旁站记录表

设备使用单位名称		检查设备类别	☐单位安全管理　　☐锅炉　　☐压力容器　　☐电梯　　☐起重机械 ☐场（厂）内机动车　☐游乐设施　☐索道　☐气瓶充装　☐其他		
设备型号或注册代码			设备出厂编号		
设备使用场所（位置）					
检查项目编号	工作旁站过程记录及发现问题				

监理人员：（签字）　　　　　　　　　　　　　　　　　　　　年　　月　　日

附表 11　安全旁站监理记录表

安全旁站监理记录		工程名称	
		施工单位	
旁站监理部位：		监理单位	
旁站监理开始时间：　　年　月　日		旁站监理结束时间：　　年　月　日	
作业前检查内容：			
作业中检查内容：			
发现问题：			
处理情况：			
备注：			
安　全　员(签字)： 项目负责人(签字)： 　　　　　　　　　　年　月　日		旁站监理人员(签字)： 总监理工程师(签字)： 　　　　　　　　　　年　月　日	

参 考 文 献

[1] 吴明发. C语言程序设计[M]. 2版. 北京：北京理工大学出版社，2009.
[2] 刘在辉. 监理员专业管理实务[M]. 北京：中国建筑工业出版社，2011.
[3] 盖卫东. 建筑工程监理实务与资料填写范例[M]. 北京：化学工业出版社，2014.
[4] 徐先耀. 监理工程师操作实务与资料管理[M]. 北京：中国建筑工业出版社，2014.
[5] 韦海民. 建设工程监理实务[M]. 北京：中国计划出版社，2010.
[6] 中国建设监理协会. 建设工程监理规范 GB/T 50319—2013 应用指南[M]. 北京：中国建筑工业出版社，2013.
[7] 崔武文. 建设工程监理[M]. 北京：中国建材工业出版社，2007.
[8] 蔡金墀. 总监理工程师实用手册[M]. 北京：中国建筑工业出版社，2005.
[9] 中国建筑科学研究院. GB 50204—2015 混凝土结构工程施工质量验收规范[S]. 北京：中国建筑工业出版社，2015.
[10] 中华人民共和国住房和城乡建设部. GB 50203—2011 砌体结构工程施工质量验收规范[S]. 北京：中国建筑工业出版社，2011.
[11] 中华人民共和国建设部. GB 50210-2001 建筑装饰装修工程质量验收规范[S]. 北京：中国建筑工业出版社，2001.